Quality and efficiency management and long-term operation mechanism of new R&D institutions

新型研发机构
质效管理与长效运行机制

王文平　著

东南大学出版社
SOUTHEAST UNIVERSITY PRESS
·南京·

内容简介

  风起云涌的科技革命和产业变革，使基础研究、应用研究和产品开发日益跨界融合、交互作用，推动科技创新组织范式的变革，使集科研、孵化、资本等功能于一体的新型研发机构成为当前我国构建新发展格局的新型创新载体。本书在协同创新理论及资源能力理论基础上，引入博弈分析及仿真计算方法，解析新型研发机构的"科研-产业"市场化集成创新生态构建，以及研发能力、孵化转化能力及系统集成能力生成的内在机理，研究在新型研发机构不同发展阶段，科研团队、企业及政府间的博弈关系，以及促进和激发多创新主体、多创新要素流动、聚合及创新创业潜能释放的股权－控制权差异化配置机制。最后，提出促进新型研发机构提质增效的行动路径、政策建议及对策措施。

  本书对新型研发机构及政府相关部门的工作人员具有重要参考价值，同时也可作为企业管理、管理科学与工程等专业研究生的参考书。

图书在版编目(CIP)数据

新型研发机构质效管理与长效运行机制 / 王文平著.
— 南京：东南大学出版社，2023.6
  ISBN 978-7-5766-0768-0

Ⅰ.①新⋯ Ⅱ.①王⋯ Ⅲ.①科学研究组织机构—科研管理—研究—中国 Ⅳ.①G322.2

中国国家版本馆 CIP 数据核字(2023)第 105669 号

责任编辑：罗 杰 责任校对：子雪莲 封面设计：毕 真 责任印制：周荣虎

新型研发机构质效管理与长效运行机制
Xinxing Yanfa Jigou Zhixiao Guanli Yu Changxiao Yunxing Jizhi

著　　者	王文平
出版发行	东南大学出版社
社　　址	南京市四牌楼 2 号　邮编：210096　电话：025-83793330
网　　址	http://www.seupress.com
电子邮箱	press@seupress.com
经　　销	全国各地新华书店
印　　刷	江苏凤凰数码印务有限公司
开　　本	700 mm×1000 mm　1/16
印　　张	12.5
字　　数	245 千字
版　　次	2023 年 6 月第 1 版
印　　次	2023 年 6 月第 1 次印刷
书　　号	ISBN 978-7-5766-0768-0
定　　价	56.00 元

本社图书若有印装质量问题，请直接与营销部联系，电话：025-83791830。

目录

第一章 绪论 ········· 002
1.1 研究的背景和意义 ········· 002
1.2 主要内容和框架结构 ········· 004
1.3 创新之处 ········· 007

第二章 国内外相关研究综述 ········· 010
2.1 新型研发机构相关概念界定及发展沿革研究 ········· 010
2.1.1 新型研发机构的相关概念界定 ········· 010
2.1.2 新型研发机构的相关特征解析 ········· 011
2.1.3 新型研发机构的内涵和模式 ········· 012
2.1.4 新型研发机构的发展沿革 ········· 013
2.2 新型研发机构运行机制的相关研究 ········· 016
2.2.1 新型研发机构的股权激励与动力机制的相关研究 ········· 017
2.2.2 新型研发机构的运营管理与风险管控机制的相关研究 ········· 020
2.2.3 新型研发机构的企业孵化与成果转化机制的相关研究 ········· 021
2.3 新型研发机构发展模式与行动路径的相关研究 ········· 022
2.3.1 新型研发机构合作建设模式的相关研究 ········· 022
2.3.2 新型研发机构要素结构及资源配置模式的相关研究 ········· 023
2.3.3 新型研发机构提质增效行动路径的相关研究 ········· 024
2.4 促进新型研发机构提质增效对策建议的相关研究 ········· 026
2.4.1 关于强化政府政策力度的相关研究 ········· 026
2.4.2 关于强化多主体合作与协调配置资源的相关研究 ········· 027

2.4.3 关于人才团队建设方面的相关研究 …………………… 028
2.5 文献述评 …………………………………………………… 029

第三章 典型新型研发机构发展现状分析 ………………… 032
3.1 国内外典型新型研发机构发展现状及特征分析 …………… 032
   3.1.1 国外典型国家新型研发机构发展现状 ……………… 032
   3.1.2 国内典型城市新型研发机构发展现状 ……………… 036
   3.1.3 南京新型研发机构发展现状及特征分析 …………… 040
3.2 我国新型研发机构存在问题分析 …………………………… 048
   3.2.1 股权结构亟待调整优化 ……………………………… 048
   3.2.2 高端人才集聚能力有待提高 ………………………… 049
   3.2.3 创新成果产出与转化能力不足 ……………………… 050
   3.2.4 孵化引进企业质量有待提高 ………………………… 050
3.3 本章小结 …………………………………………………… 052

第四章 新型研发机构发展质效测度及评价研究——以南京为例
…………………………………………………………………… 054
4.1 新型研发机构质效概念界定及评价指标体系设计 ………… 054
   4.1.1 关于新型研发机构质效评价的相关研究 …………… 054
   4.1.2 新型研发机构的投入效率与产出质量概念界定 …… 060
   4.1.3 新型研发机构质效评价指标体系设计 ……………… 061
4.2 新型研发机构质效评价指数模型构建 ……………………… 066
   4.2.1 评价指标筛选 ………………………………………… 066
   4.2.2 新型研发机构质效指数测算模型 …………………… 068
   4.2.3 新型研发机构质效评价指标贡献率测算模型 ……… 069
4.3 新型研发机构提质增效实证分析 …………………………… 071
   4.3.1 数据获取与处理方法 ………………………………… 071
   4.3.2 新型研发机构质效评价 ……………………………… 072
   4.3.3 新型研发机构提质增效关键指标及制约因素分析 … 077
4.4 本章小结 …………………………………………………… 081

第五章　新型研发机构提质增效内在机理研究 ·············· 084
5.1 新型研发机构"科研-产业"市场化集成创新系统内涵解析 ·············· 084
5.1.1 "科研-产业"市场化集成创新系统的理论基础与内涵 ·············· 084
5.1.2 新型研发机构多元主体及要素资源的协同关系解析 ·············· 085
5.1.3 新型研发机构创新创业活动体系解析 ·············· 087
5.1.4 新型研发机构"科研-产业"市场化集成创新系统模型设计 ·············· 087

5.2 面向新型研发机构提质增效的"科研-产业"市场化集成创新系统多维能力生成分析 ·············· 090
5.2.1 "科研-产业"市场化集成创新系统多维能力理论基础及其内涵 ·············· 090
5.2.2 "科研-产业"市场化集成创新系统多维能力的生成过程 ·············· 091
5.2.3 多维能力对"科研-产业"市场化集成创新系统的作用解析 ·············· 093

5.3 多维能力驱动下新型研发机构提质增效的关键因素识别及行为协同分析 ·············· 094
5.3.1 基于"科研-产业"市场化集成创新系统的关键因素与行为协同内涵解析 ·············· 094
5.3.2 多维能力驱动下新型研发机构提质增效的关键因素与行为协同内在关系解析 ·············· 096
5.3.3 面向南京问卷调研分析的新型研发机构提质增效的关键因素对行为协同的作用关系分析 ·············· 097

5.4 本章小结 ·············· 100

第六章　基于股权-控制权差异化配置情境的新型研发机构长效发展机制研究 ·············· 104
6.1 新型研发机构多方演化博弈问题解析及参数设计 ·············· 104
6.1.1 新型研发机构多主体行为协同演化博弈问题解析 ·············· 105

6.1.2 新型研发机构核心参与主体及其决策行为解析 …………… 107
6.1.3 新型研发机构多主体行为协同演化博弈参数设计 ……… 108
6.2 股权-控制权差异化配置情境下新型研发机构多主体行为协同博弈模型研究 …………………………………………………………… 110
6.2.1 同股同权情境下新型研发机构多主体行为协同演化博弈模型构建 ……………………………………………………… 111
6.2.2 同股不同权情境下新型研发机构多主体行为协同演化博弈模型构建 ……………………………………………………… 117
6.2.3 博弈结果的对比分析 ………………………………………… 124
6.3 面向多主体目标协同的新型研发机构股权-控制权配置结构优化问题研究 …………………………………………………………… 130
6.3.1 问题描述与模型假设 ………………………………………… 130
6.3.2 基于扩展 C-D 生产函数的新型研发机构价值创造函数构建及资源投入贡献率测算 …………………………………… 132
6.3.3 基于股权与控制权协调配置的新型研发机构价值分配模型 …………………………………………………………… 134
6.3.4 模型求解与面向南京案例的数值仿真分析 ……………… 136
6.4 基于模型解析结果的新型研发机构长效发展机制研究 ……… 146
6.4.1 社会资本-国有资本协同参与的新型研发机构提质增效市场化资本运作机制 ……………………………………………… 147
6.4.2 基于股权-控制权协同配置的新型研发机构多方主体动力协同提升机制 …………………………………………………… 148
6.4.3 面向新型研发机构提质增效的动态评估与有序退出机制
 …………………………………………………………………… 149
6.5 本章小结 ……………………………………………………………… 149

第七章 促进新型研发机构提质增效的行动路径、政策建议及对策措施 …………………………………………………………… 152

7.1 目标导向下新型研发机构提质增效的行动路径研究 ………… 152

7.1.1 新型研发机构的不同目标导向解析 …… 152
7.1.2 基于实证分析及建模分析的新型研发机构提质增效关键因素总结 …… 154
7.1.3 基于长效发展机制的新型研发机构提质增效行动路径研究 …… 155

7.2 促进新型研发机构提质增效的政策建议研究 …… 156
7.2.1 加强顶层设计与政策支持,助推新型研发机构发展建设 …… 156
7.2.2 充分发挥金融资本的杠杆作用,提升机构的市场化集成创新能力 …… 157
7.2.3 完善人才招引与激励体系,激发新型研发机构创新活力 …… 158
7.2.4 建立动态绩效评价体系和阶梯培育机制,激励新型研发机构高效发展 …… 159
7.2.5 提升新型研发机构的产业贴合力,优化区域产业创新集群发展格局 …… 160

7.3 促进新型研发机构提质增效的对策措施研究 …… 162
7.3.1 理清自身发展目标与功能定位,探索合适的发展模式 …… 162
7.3.2 健全新型研发机构的股权结构及利益分配机制,激发多主体参与积极性 …… 163
7.3.3 明晰多元建设主体的差异化角色定位与功能,提升机构协同创新优势 …… 164
7.3.4 完善成果转化促进体系,提高机构自主运营能力 …… 164
7.3.5 构建新型研发机构创新战略联盟或创新联合体,集聚创新创业要素资源 …… 166

附录 …… 168
附录 A:促进南京市新型研发机构提质增效关键问题研究调查问卷 …… 168

附录B：南京市新型研发机构评价指标原始数据 …………… 174
　　附录B-1　南京市新型研发机构投入效率指标原始数据(2018—2020)
　　　　　　 ……………………………………………………… 174
　　附录B-2　南京市新型研发机构产出质量指标(领域)原始数据
　　　　　　 ……………………………………………………… 175
　　附录B-3　南京市新型研发机构产出质量指标(成立时间)原始数据
　　　　　　 ……………………………………………………… 176
附录C：熵值法赋值附表 ……………………………………… 177
　　附录C-1　南京市新型研发机构投入效率指标权重 ………… 177
　　附录C-2　南京市新型研发机构产出质量(领域)指标权重 …… 178
　　附录C-3　南京市新型研发机构产出质量(成立时间)指标权重
　　　　　　 ……………………………………………………… 179

参考文献 ………………………………………………………… 180

第一章

绪 论

1.1 研究的背景和意义

当前,新一轮全球科技革命和产业变革正在重构全球创新版图,重塑世界经济结构和竞争格局;科技革命和产业变革的互动模式日益复杂,推动科技创新组织范式正在发生深刻变革。与此同时,我国加快形成以国内大循环为主体、国内国际双循环相互促进的新发展格局,迫切需要整合要素资源,重组创新链条,破解我国长期存在的科技经济"两张皮"、研发成果转化"死亡峡谷"现象,以快速提升科技创新对创新型经济和新兴产业的核心驱动能力。然而在全球范围内,科学技术的快速发展推动人类社会进入后学院科学时代,开放创新范式下的新型科研组织形态,成为国家、区域推动产业转型升级和高质量发展的重要创新载体。在此背景下,以制度创新和组织创新为特征,以科技创新为目标,围绕区域主导产业和未来产业规划布局,具有开展技术研发、孵化科技企业、转化科技成果、集聚高端人才功能的多元化投资、市场化运行、现代化管理的独立法人单位——新型研发机构应运而生。新型研发机构通过打通政府、高校科研院所、企业之间的机制壁垒,形成优质创新资源流动、整合的制度通道,使高校科研院所的创新资源、研发活动与产业创新主体的创业活动、产业要素在新的制度空间重新连接、组合,在高度产业化导向下产生聚变,最大化创造并释放创新创业潜能。

自1996年12月深圳市政府与清华大学联合成立我国首个新型研发机构——深圳清华大学研究院以来,在属性、机制和功能上不同于传统科研机构的新型研发机构在中国蓬勃兴起。据不完全统计,截至2021年底,我国共有新型研发机构2 412家,新型研发机构的从业人员总量达22.2万人,研发人员总量达14.3万人,研发支出总规模达650亿元。围绕创新链开展基础研究项目4 022个,应用研究项目8 210个,产业技术开发项目8 419个。另外,各类新型研发机构通过专利转让及许可、技术作价入股等多种方式在推进科技成果转化的同时,实现总收入超过1 800亿元,其中,企业收入超1 000亿元,技术性收入超500亿元。在产业化方面,2021年,超过1 600家新型研发机构开展各类研发服务,服务的企业超过12万家;超过1 300家新型研发机构开展创业孵化服务,累计孵化企业超2万家。从区域分布看,东部地区有 1 445 家新型研发机构,占比为 59.9%,新型研发机构已成为推动各区域创新发展的重要举措和政策工具。

随着各领域科技创新和产业变革的日益高度关联、互相交叉,迫切需要针对跨界融合、系统集成等综合性、复杂性和融合性特征,以及经济转型发展的创新驱动新需求,从提升新型研发机构资本回报率、提高新型研发机构自我造血能力、形成科研人才所在组织(高校、科研院所等)现有政策体系与各地出台的新型研发机构人才政策体系相互协同以最大化激发科研人才的创新潜能等方面,对推进新型研发机构深入发展提出更高的要求。因此,如何在前期追求新型研发机构数量增长的基础上,提高发展质量,以实现提质增效,是当前我国新型研发机构普遍面临的问题。

长三角地区是中国经济发展最活跃、开放程度最高、创新能力最强的区域之一,在国家现代化建设大局和全方位开放格局中具有举足轻重的战略地位;而南京市作为长三角的重要中心城市,科教资源丰富,拥有 50 余所高等院校、120 多个国家级研发平台,人才总量和密度居全国前列。2021 年 6 月,科技部支持南京市加快建设引领性国家创新型城市;2022 年,南京市推动科创产业和产业科创双向发力,引领性国家创新型城市建设成效显著;2023 年,科技部和中国科学技术信息研究所分别发布《国家创新型城市创新能力监测报告 2022》和《国家创新型城市创新能力评价报告 2022》。其中,国家创新型城市创新能力评价结果显示,南京市凭借科教资源富集优势进一步缩小了与深圳的差距,从 2021 年的第 4 位上升至第 2 位。当前,南京市正加快建设国家区域科技创新中心,而新型研发机构是南京市围绕建设全球有影响力的科技创新名城,建设高能级创新平台,打通科技成果转移转化"最后一公里"的创新举措。近年来,南京市以组建新型研发机构为抓手,积极探索科技成果转化的新模式,建设以科技人员为核心、以研发转化为关键、以企业孵化为使命,重点破解产业创新需求与技术成果供给之间的障碍,不断探索混合所有制等组织模式,通过人才团队持大股、政府性基金和第三方社会平台等多方协同共建,创新股权架构,让知识、技术等生产要素参与分配,以充分调动科技人员积极性、主动性,推动新型研发机构快速发展。截至 2022 年上半年,南京市共建设新型研发机构超过 400 家,集聚科研及管理人才 14 000 余人,累计申请专利超 16 000 件,其中发明专利超 7 000

件,市场化融资累计到账金额超 19 亿元。

但随着南京市新型研发机构建设的深入推进,众多新型研发机构在运行绩效方面,出现技术的产业"贴合度"不足,产品的"市场认可度"不高,新孵化引进企业缺少稳定的赢利模式等问题;同时,面对新型研发机构的体制外或混合性体制特征,现有政策体系存在结构性矛盾,人才激励制度政策供给的集成度和联动性不足;因此,如何通过整合、重构和延伸多元化要素资源,提高研发、孵化转化集成能力,使南京市新型研发机构增强市场适应能力和市场开拓能力,以提质增效,成为南京市新型研发机构整合提升、创新突破亟待解决的问题。

因此,本书以南京市为例,聚焦围绕南京主导产业和未来产业建设的新型研发机构,从多维度出发深入调研新型研发机构发展现状,评价识别影响新型研发机构提质增效的关键制约因素;基于新型研发机构"科研-产业"市场化集成创新系统模型,面向当前提高市场开拓所需集成能力的目标,识别影响新型研发机构建设与创新主体间行为协同的关键要素;并构建股权-控制权配置差异情形下的多主体行为协同博弈模型和股权-控制权优化配置模型,基于模型结果分析新型研发机构提质增效的长效发展机制;进而结合关键因素与行为协同的作用关系分析新型研发机构提质增效的行动路径;以为政府促进新型研发机构提质增效的制度、政策和措施选择,提供科学的决策支持。

1.2 主要内容和框架结构

(1) 在第一章绪论中,本书在分析促进新型研发机构提质增效关键问题的研究背景及意义的基础上,明确研究内容、创新之处,提出本书研究的框架。

(2) 第二章综述现有国内外相关研究的主要思想、主要理论和方法,对新型研发机构的相关概念及发展沿革、新型研发机构的运行机制、发展模式与行动路径以及提质增效政策建议等相关研究进行系统性梳理与总结,为后续研究奠定了基础。

(3) 第三章为典型新型研发机构发展现状分析。选取美国、以色列、德国、澳大利亚等发达国家和北京、深圳、杭州、上海等国内典型城市的新型研发机构进行发展现状分析；重点以南京市新型研发机构为例，从融资体系及股权结构、功能定位、机构组织性质等方面分析其发展特征；进而提出目前新型研发机构仍存在股权结构亟待调整优化、高端人才集聚能力有待提高、孵化引进企业质量有待提高等问题。

（4）在第三章的基础上，第四章从新型研发机构的功能定位出发，界定了新型研发机构的质效内涵，设计了新型研发机构的指标评价体系，构建了新型研发机构投入效率-产出质量指数和指标贡献率模型，选取南京市作为典型案例，对其新型研发机构质效进行实证分析，并进一步分析影响新型研发机构提质增效的关键制约因素。研究发现，现阶段资本投入与产出和高端人才集聚与培育是制约新型研发机构提质增效的关键因素，同时，新型研发机构成果转化与企业孵化能力不足，制约了新型研发机构整体产出质量的有效增长。

（5）在第三章与第四章的研究基础上，第五章进一步对新型研发机构提质增效的内在机理进行研究。本章基于集成创新理论、资源能力理论等基础理论，从定性角度出发，解构新型研发机构在发展过程中所涉及的主体、要素资源、创新创业活动等内涵、关联及新型研发机构提质增效的作用机理；在此基础之上着重分析了多维能力的生成机制以其驱动作用，以及基于对南京的调研分析，识别影响新型研发机构建设及创新主体行为协同的关键因素及其作用关系，为构建新型研发机构提质增效长效发展机制奠定基础。

（6）针对新型研发机构存在的面向产业化的系统整合能力较弱和面向跨组织科技创新人才的体制与非体制组织间激励政策冲突等难题，第六章展开基于股权-控制权差异化配置情境的新型研发机构长效发展机制研究。首先基于新型研发机构"科研-产业"市场化集成创新系统模型解析了新型研发机构多主体行为协同的演化博弈问题；其次基于股权-控制权配置差异情形下的多主体行为协同博弈模型，分析多主体间行为协同及其关键因素的作用关系；进而构建基于扩展C-D生产函数的新型研发机构价值创造函数和基于股权-控制权协调配置的新型研发机构价值分配模型，利用数值仿真方法和选取南京作为典型案例以探寻最优股权-控制权配置结构；最后，基于模型解析结果,提出新型研发机构提质增效的长效发展机制,为新型研发机构提质增效行动路径设计奠定基础。

(7) 在上述研究基础上,第七章总结并提出了促进新型研发机构提质增效的行动路径、政策建议及对策措施。首先,基于新型研发机构偏研发和偏孵化的不同目标导向与新型研发机构提质增效关键因素分析,提出实现新型研发机构提质增效长效发展机制的行动路径;进而在此基础之上,提出了加强顶层设计、发挥资金杠杆作用、完善人才招引机制、设计动态化绩效考核及阶梯培育机制、提升新型研发机构产业贴合度等政策建议;提出了明确新型研发机构自身功能定位、强化股权结构等体制机制设计、调动多元建设主体角色功能、完善成果转化机制、健全信息交流与合作共享平台等对策措施。

具体框架结构如图 1-1 所示。

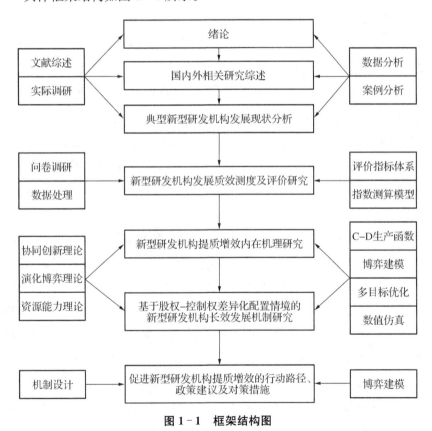

图 1-1　框架结构图

1.3 创新之处

本书集成了协同创新理论、博弈理论及资源能力理论等多学科理论，基于中国快速发展的创新型经济和新兴产业实践背景，针对典型新型研发机构发展现状，为如何形成"科研-产业"市场化集成创新系统，如何构建新型研发机构长效发展机制，以及如何促进新型研发机构提质增效等问题，提出了具有前沿性和创新性的研究结论。具体有以下几点创新之处：

（1）理论创新。从协同创新理论与资源能力理论出发，提出为提升新型研发机构投入质量与产出效率，应聚焦于多主体行为协同、多创新要素整合与创新创业活动集成，构建新型研发机构"科研-产业"市场化集成创新生态系统，以支撑形成推动新型研发机构提质增效、可持续发展所需的多维能力生成体系；综合运用演化博弈、合作博弈等理论，基于股权-控制权配置结构优化视角，从市场化资本运作、多主体动力协同提升、质效动态评估与政府部门有序退出等方面，提出面向提质增效的新型研发机构长效发展机制，以化解新型研发机构存在的市场化运营与自主造血功能较弱、科学家实际参与度不高以及科研人才团队与社会资本间的利益冲突等难题。

（2）方法创新。将案例分析、实证分析与机理建模、数值仿真等方法相结合，为推进新型研发机构提质增效和构建长效发展机制构建了综合集成的计算实验方法体系。具体地，本文在运用实际调研、案例分析、实证分析针对国内外典型新型研发机构进行现状分析的基础上，重点针对南京进行质效测度与评价；进而运用博弈建模和数值仿真分析等方法，选取南京作为数值参数设定来源，以探寻面向新型研发机构提质增效的股权-控制权优化配置结构。

（3）应用创新。在精准识别我国新型研发机构发展存在的面向产业化的系统整合能力较弱和面向跨组织科技创新人才的体制与非体制组织间激励冲突这两大深层次核心难题的基础上，提出"大股少权"和"小股多权"的股权-控制权非对称结构是实现新型研发机构长效发展和实现多主体目标协同的最优配置；进而从政策引导、股权结构、收益分配三大核心制约因素入手，提出有助于实现新型研发机构长效发展的政策引导-股权结构与收益分配协调下新型研发机构市场化资本运作、股权结构及收益分配协调下新型研发机构主体动力协同提升和政策引导-股权结构调节下新型研发机构动态评估与有序退出等行动路径;以及提出加强顶层设计与政策支持、发挥金融资本杠杆作用、构建动态绩效评价与阶梯培育机制等政策建议与健全股权结构与利益分配激励机制、完善成果转化促进体系与构建新型研发机构创新联盟、创新联合体等对策措施,为各区域政府相关部门与新型研发机构提质增效提出科学的决策支持。

综上所述,本书的研究具有多学科交叉、多方法融合的特色,且在理论、方法、应用层面均具有独特的思考与创新,研究结论丰富和发展了新型研发机构研究领域的相关理论与方法体系。

第二章

国内外相关研究综述

2.1 新型研发机构相关概念界定及发展沿革研究

2.1.1 新型研发机构的相关概念界定

在全球范围内,科学技术的快速发展推动人类社会进入后学院科学时代,开放创新范式下的新型科研组织形态,成为国家、区域推动产业转型升级和高质量发展的重要创新载体,新型研发机构数量呈现快速增长趋势。但是学术界暂时没有对新型研发机构做出统一的概念界定,不同的学者基于新型研发机构的发展特点提出了各自的观点。

部分学者从新型研发机构与传统研发机构的区别出发,提出了自己对新型研发机构概念的理解。谭海斌将新型研发机构与传统研发机构进行对比,从而对新型研发机构的定义做了阐述,认为新型机构的"新"在于其发展方式与运行机制上的革新[1]。夏太寿等则认为新型研发机构与传统研发机构相比,在功能定位上具有政府导向、治理模式去行政化、体制机制灵活创新、政产学研高度合作等特点[2]。同时,也有学者如程艳红从新型研发机构的特点出发,提出新型研发机构是具有体制新颖、机制灵活、管理先进、运行高效、人才富集等鲜明特点的机构[3]。还有部分学者从新型研发机构能够发挥的作用出发,提出了自己的观点。周文魁认为新型研发机构是连接科技与经济的重要枢纽,新型研发机构能够推进产业结构的调整和升级[4]。赵远亮、敖敦则认为新型研发机构是一种能够瞄准国际前沿、集聚国际顶尖人才和团队、具有一流研发条件和水平的创新平台,以产业化和支撑引领战略性新兴产业发展为目标、以市场为导向、以创富为动力、以企业化运作为模式,集科技创新与产业化为一体的多元化所有制形式创新机构[5]。苟尤钊、林菲则从创业功能的角度指出,新型研发机构主要指那些从事科学技术的研究和开发,而且重在将研究成果的应用、产业化和商业化作为目的,直接以衍生、创造新产业或新企业为导向的创业型研发机构[6]。同时,政府部门也出台了相关的政策对新型研发机构的概念进行了界定,南京市政府提出,新型研发机构主要是指围绕南京市主导产业和未来产业规划布局,以产业技术创新为主要任务,多元化投资、市场化运行、现代化管理且具有可持续发展能力的独立法人单位[7]。左朝胜认为新型研发机构是一个新型企业法人单位，它的投资主体是多元化的，组建模式是多样化的，运作机制则完全按照企业的机制来进行[8]。

综合来看，新型研发机构是指区别于传统机构发展模式和运行机制，聚焦于成果应用和产业化、聚集高端人才、创新孵化产业，促进产学研紧密合作的，投资主体多元化的，以市场为导向，以企业化为运作模式的独立法人单位。

2.1.2 新型研发机构的相关特征解析

与传统科研单位相比，新型研发机构在投资建设、运行机制、组织结构、发展模式等方面都呈现出新的特征。现有关于新型研发机构特征研究的文献主要呈现地区化特征。新型研发机构最早出现在广东，因此，针对广东新型研发机构发展特征进行分析的文章出现最早。李栋亮在分析了广东省122家新型研发机构的基础上指出，与传统科研机构相比，新型研发机构进行了科研机构体制和机制的全面创新，呈现出全新的行为特征，包括投资主体多元化和组建模式多样化、运行机制企业化、创新链与产业链无缝对接、研发体系高度开放等[9]。又有学者指出广东省新型研发机构的主要特征是组建模式多样化，直接引入民营资本[10]。在经历了"地方先行先试—中央顶层设计—地方全面突破"三个发展阶段[11]后，学者们逐渐将研究对象转移到其他省市。李庆明等从组建模式、产业和地域分布等方面对江苏省新型研发机构的发展状况进行了分析，指出其具备"背景"深、"眼界"高、"门路"通、"资源"广四个特征，具体表现为建设主体多元化、坚持市场化导向、科研具备前瞻性、成果转移转化快、成果转化路径多样化、科技金融深度融合等[12]。有学者分析了安徽省新型研发机构发展现状后，指出其呈现出战略定位多元化、组织架构多样化、体制机制创新等特点，其中战略定位主要包括与当地主导产业和新兴产业积极融合、重视基础研究、强化共性技术研究等[13]。赵蒙指出，新型研发机构的特点在于能够提高产业创新能力，新型研发机构根据区域产业技术需要，与企业近距离接触、对接，真正了解企业的技术需求，有针对性地开展项目研发活动，为区域经济发展贡献力量[14]。沈彬等认为，新型研发机构具有多个新颖之处，分别体现在功能、体系、模式和人员方面[15]。王晓红等则重点研究了校地共建型科研机构的特征,并指出其特点主要体现在功能定位、投资主体、机构性质和管理模式等方面,并且能发挥"接口"、人才"聚集器"、经济"发动机"、"窗口"等作用[16]。

因此,不难发现新型研发机构主要具备投资建设主体多元化、运行机制企业化、战略导向市场化、组织结构灵活化、人才队伍国际化的特征。其中,投资和建设主体多元化体现在高校、科研院所、企业、社会组织、产业联盟乃至创投基金等不同类型的单位都能成为新型研发机构的主导单位,并且形成校地共建、院(所)地共建、企业自建、联盟共建、民间自办等多种投资模式。运行机制企业化主要表现在新型研发机构实行投管分离、独立核算、自负盈亏,采用的管理机制、激励机制、创新机制趋向于企业化。在管理机制创新方面,新型研发机构普遍采用理事会领导下的院(所)长负责制度,实现"投管分离"[17]。战略导向市场化体现在资源配置市场化、组织目标市场化等方面。传统研发机构按部就班进行研发,导致科技和经济发展出现"两张皮"现象,只以科研成果为根本性评价指标,相比之下,新型研发机构在注重科研成果考核的同时,更重视通过孵化企业质量、所企合作频率以及衍生企业数等成果的考核,与市场需求接轨,直接促进科技研发成果的转化与应用[18]。组织结构灵活化,其独立性更强,新型研发机构建立以科研人员为主体网状或矩阵型的组织结构,采用了决策与执行相分离的模式,顶层管理决策层由院长、执行委员会等组成,不承担具体业务功能,下设职能各不相同的部门或者根据项目成立小组等[19]。人才队伍国际化,人才交流模式主要包括人才技术交流和人才联合培养两方面,积极吸纳国内外高端技术人才,集聚全球创新人才,有效保证新型研发机构创新能力[11]。

综上,新型研发机构的投资建设主体多元化、运行机制企业化、战略导向市场化、组织结构灵活化、人才队伍国际化的这些特征使新型研发机构有别于传统科研机构,为新型研发机构的全新发展注入了新的灵魂。

2.1.3 新型研发机构的内涵和模式

新型研发机构是聚焦科技创新需求,主要从事科学研究、技术创新和研发服务,投资主体多元化、管理制度现代化、运行机制市场化、用人机制灵活的独立法人机构,可依法注册为科技类民办非企业单位(社会服务机构)、事业单位和企业[20]。我们通过文献梳理将它分成五类：① 成果导向论。将新型研发机构界定为创业型科研机构，以科技研发成果的应用、产业化和商业化为目的，以衍生、创造新产业或新企业为导向[21]。王勇和王蒲生总结了新型研发机构的核心特征，并将之划分为科研新型研发机构与创业新型研发机构[22]。② 投资主体论。主要将新型研发机构分为民办公助、企业内生、国有新制这三种类型[23]。③ 经营机制论。相较于传统行政事业单位，新型研发机构的治理模式具有体制新颖、机制灵活、人才富集和去行政化等特点。国内新型研发机构主要以科技类民办非企业的形式登记，此外，还有部分涉及国家产业布局和社会发展的科研机构采取由政府牵头，政府和企业联合出资的方式组建[24]。④ 功能定位论。不同建设模式下新型研发机构有着不同功能定位，如产业结构调整、联合科技优势资源、孵化和衍生企业的功能、产业共性关键技术创新与成果产业化等。⑤ 范围口径论。狭义新型研发机构仅指向以企业形式存在的机构，广义的新型研发机构可以以股份制、合伙制、民办非企业、事业单位、社会团体、公司法人等形式存在[24]，而介于二者之间的新型研发机构被认为是中等口径。

新型研发机构的不同模式：① 政策导向型。由政府主导建立，定位于加快结构调整和产业升级，发展高新技术和战略新兴产业，涉及国家产业布局和社会发展。② 产业导向型。高校、科研院所与地方政府合建、与企业及创新联盟合建，定位于面向产业需求、立足源头技术创新，开展基础性、关键性和共性技术研发，通过先进前沿技术引领带动行业和产业发展。③ 资源导向型。由高校和科研院所与地方政府合建，定位于考虑地方产业优势，联合相关科技优势资源，促进成果产业化，注重人才培育。④ 服务导向型。由政府主导建立、社会资本建立、企业及创新联盟合建，定位于为企业提供共性需求服务、中试工艺研发、技术研发与推广、质量技术检测等服务，特别是为中小企业提供技术支撑服务。⑤ 成果导向型。由高校和科研院所与政府合建、与企业及创新联盟合建、社会资本建立，定位于促进科技成果转化并提供创新创业服务，注重技术创新、科技金融与商业模式的结合，在孵化和培育企业的过程中培养创新创业人才[25]。

2.1.4 新型研发机构的发展沿革

当今世界，全球范围内的技术创新、产业变革呈加速态势。我国中央和地方各级政府也逐步重视科技创新、科技成果转化、创业孵化等问题,因而为各种新型研发机构的发展提供了前所未有的机遇[26]。近年来,这些新型研发机构逐步发展为我国创新动力转换的重要方式,也逐步成为我国科技成果转化的主力军。深入了解新型研发机构的发展历程,有助于更好地把握新型研发机构的发展方向。

张雨棋认为新型研发机构的发展可以划分为萌芽阶段(1996年深圳清华大学研究院的建立到21世纪初)、早期成长阶段(21世纪初到2012年)、快速发展阶段(2012年后)[27]。2019年,刘贻新等从经济、科技和教育3个维度,将我国新型研发机构的发展历程划分为4个具有时代特征的阶段,分别是因势而动(1996—2013),新一轮的科技革命和产业革命逐渐兴起,加快了产业革命进程,提升了科技成果转化效率,我国不少区域开始尝试建设新型研发机构;顺势而为(2013—2016),产业发展进入转型阶段,企业对技术的需求日益提升;造势而起(2016—2018),国家层面高度重视,全国各地掀起一股建设新型研发机构的热潮;乘势而上(2018年至今),政府报告将新型研发机构纳入国家创新体系[11]。2020年,宋炳宜将新型研发机构的发展历程划分为萌芽阶段(1996—2005年)、探索发展阶段(2006—2009年)、迅猛发展阶段(2010—2014年)和蓬勃发展阶段(2015年至今)[28]。2022年,张玉磊等将我国新型研发机构的发展分为前期阶段(1996—1999)、奠基阶段(2000—2007)、肯定阶段(2008—2012)、发展前期(2013—2015)、加速期(2015年至今)[29]。

总的来说,1996年深圳清华大学研究院的成立标志着拥有科技成果转化功能的新型研发组织的诞生,此后,学者们将此类机构统一称为新型研发机构。自2015年起,政府官方文件中开始出现新型研发机构的表述。近年来,中国陆续出台了一系列支持和鼓励建设新型研发机构的文件,对新型研发机构的功能定位、组织特征和发展目标等,做出了明确的规定[30]。孙雁等指出,经过20多年的建设与发展,新型研发机构逐渐成为我国国家创新体系的重要组成部分,在促进区域内科技资源优化配置和高效利用、提高区域协同创新能力中发挥了重要作用[31]。

此外,不同国家的科研机构发展也存在差异。"新型研发机构"是具有中国特色的说法,国外更多以独立研发机构为对象进行研究。由于经济文化制度和科技发展程度方面的差异,发达国家和地区的研发机构的特点、运行机制、制度管理等亦各具特色,其中具有代表性的有美国国防先进研究项目局、德国弗朗霍夫协会、日本产业技术综合研究所等。美国的科研机构是"市场驱动下的官民合作型"(Zuckerman,2014);德国的科研机构是"产业导向下的非营利主导型"(Ulrich Teichler,2016);日本的科研机构是"灵活自主的政府主导型"(Aoki,2015);台湾地区的科研机构定位于非盈利型、任务导向的产业技术应用研究机构[32]。

为考察国内外新型研发机构的成功经验和最新成果,本文采取文献收集法、比较法和探索性案例法,并采用定性和定量方法相结合对国内外资料进行分析。由于发达国家和地区经济文化制度和科技发展程度方面的异质性,各国新型研发机构的特点、运行机制、制度管理等亦各具特色:美国由于其高度市场化的特征,政府通常采用市场调控并强调对于科研机构环境改善的引导,涌现了以麻省理工学院的"科学计划"工业合作部(Department of Industrial Cooperation,DIC)为首的创业型大学组织建设;日本以政府为主导,注重对于科研机构的需求、供给和环境的干预及管理,例如教育与产业主管机构牵头成立的研发法人机构模式;德国则以产业为导向,强调引导基础研究与应用联系紧密、技术研发、成果转化等方面,例如德国马普学会的多维合作创新与技术转移机制。我国由于各地科技、经济和社会发展水平不同,自20世纪90年代末起,以深圳清华大学研究院、华大基因、光启研究院为典型代表的"民办非企业"性质新型研发机构在各地如雨后春笋般兴起。2015年起,广东、江苏、河南、安徽、山东等地陆续出台《新型研发机构认定与管理办法》,从土地使用、税收优惠、资格待遇、岗位考核、产权转化、奖励政策等多个维度进行支持政策设计,形成"北京模式""上海模式""广东模式"和"江苏模式"等。本文在此专题部分将对国内外新型研发机构的成功经验和最新成果进行梳理并加以评述,对于提升我国新型研发机构的可持续发展研究具有借鉴意义。以长三角地区为例,新型研发机构的建设和发展对该区域的网络一体化建设具有重要意义,上海市新型研发机构形成了科研院所服务地方经济的创新链模式,促进协同发展;浙江省建设多个科研院所,打造一流平台;江苏省的新型研发机构建设起步较早,目前已能够有力支撑科技成果转化和科技企业孵化[33,34]。

2.2 新型研发机构运行机制的相关研究

运行机制是指在人类社会有规律的运动中,影响这种运动的各因素的结构、功能及其相互关系,以及这些因素产生影响、发挥功能的作用过程、作用原理及其运行方式,运行机制是企业经营过程中的主体机制。新型研发机构的运行机制是指其构成要素实现相互联系的动力、规则与程序的总和,包括机构成立时的空间集聚机制、动力机制和投入机制,以及机构运行中的管理机制、激励机制、风险管控机制和最后退出时的退出机制[35]。本节将根据新型研发机构运行中的特点以及新型研发机构的功能定位,从新型研发机构运行中的激励机制、管理协调与风险管控机制、成果转化机制等系统梳理有关新型研发机构运行机制的相关研究。

国外对独立研发机构的研究较为丰富。Freeman(1991)指出研发机构在创新过程中技术要素与制度要素间的协同越来越频繁,创新要素在相互依赖过程中形成了联合效应,从而促进创新绩效。Morris等人(1998)认为研发机构的创新活动较大程度受知识信息的转化效率影响,创新核心是对知识获取后吸收和转化环节的管理。Julien等(2004)的研究表明知识吸收能力在创造新知识的过程中具有中介作用,内部依靠自身的知识吸收能力整合来自外部的信息、技术、知识。Lamari A M(2002)认为社会资本整合机制结合了多样化结构性资本,通过整合机制将多种资产进行协调落实,来达到推动协同创新发展的目标。Zollo等(2002)认为稳定网络关系为企业的创新活动提供可靠资源,从而降低创新风险。国内学者对新型研发机构研究论述有:苟尤钊和林菲从创新价值链视角出发,对"后学院科学"时代新型研发机构的机制进行分析[6]。周丽基于高校新型研发机构的大学职能扩展论、知识网络复杂论、开放系统论和协同创新论,从资本、技术和产业角度对高校新型研发机构的运行机制进行分析[36]。何帅和陈良华从创新环境、内部体制机制、资源能力、协同协作和成果转化渠道共5个维度,构建了新型科研机构市场化机制的理论框架[25]。丁红燕等推论出新型研发机构的创新发展机制包括创新动力机制、管理协调机制、要素配置机制及风险管理机制四个子机制[37]。马文聪等基于双元创新理论视角,依据投资建设主体的差异,将新型研发机构分为新型事业单位类、事业单位类、民办非企业类和企业类4种,研究了不同类型新型研发机构在运行机制上的差异以及产生这种差异的原因[38]。毛义华等运用解释结构模型(Interpretative Structural Modeling Method,ISM),分析新型研发机构建设发展影响因素之间的复杂关系,提出发展基础、机制支撑、辅助保障、直接依赖四个层次的新型研发机构运行机制[39]。

在研究新型研发机构成长机制时,有部分学者采用混合模型研究法进行研究。混合模型法是一种将定性研究路径与定量研究路径结合起来的独特方法,将定性和定量方法结合起来使失误与缺陷得到相互补偿(Tashakkori and Teddlie,2003)。该方法利用了定性和定量研究两种范式各自的优点,增加研究设计的复杂性,因此,混合模型法已经成为国外著名商学院和经济学院经常采用的研究范式。

新型研发机构内部运行机制复杂,并在产业环境的不断变动下形成动态的自组织演化过程,现有研究开始从动态演化的视角对其成长运行机制进行探索。陆竹从复杂自适应系统理论(Complex Adaptive System,CAS)出发,构建了"准则层—行为层"新型科研机构成长运行机制的动态演化框架[40]。时歌和黄涛借鉴PSR模型,构建湖北省新型研发机构发展机制的"压力—状态—响应"分析框架,从顶层设计、组织管理、运行机制、人才资源剖析湖北省新型研发机构的发展机制[41]。惠青山等采用模糊集定性比较分析方法(Fuzzy-set Qualitative Comparative Analysis,fsQCA),从产业基础、院校品牌和资源支持三方面出发,对高校与地方政府构建新型研发机构的发展机制进行组态分析[42]。

2.2.1 新型研发机构的股权激励与动力机制的相关研究

近年来,国内外学者从新型研发机构的运行机制出发,针对新型研发机构运行的动力问题和人员激励问题展开了广泛的研究。对人员的激励是提升员工工作动力的关键,张珊珊从具体的新型研发机构实例出发,指出东莞华中科技大学制造工程研究院实行项目股份制,通过将创新和股权相结合沟通,以知识产权评估入股,建立了成果利益分配关系,克服了传统的利益分配的短视行为,最大限度地保证研究人员的创新积极性;广东东阳光药业研究院则是建立了能力优先、多劳多得的项目股权激励体制,对于研发人员,研究院在利益分配上设立了项目股权,研发人员可按其工作绩效获得相应的分红[43]。而陕西农产品加工研究院和能源化工研究院实行全员聘用制和以项目为纽带的动态管理,根据项目研发实际需求组成研发团队,工作进行量化考核,实行项目补贴制、项目股份合作制等激励机制[2]。袁传思、马卫华通过梳理分析部分广州高校建设的广东新型研发机构专利成果转化现状,提出高校新型研发机构知识产权转化最主要的制约因素是机构内部对各方权益激励分配的机制,因此需要形成各主体间的多维联动来构建合理的转化激励机制,为内部各主体营造利益平衡环境[44]。张雨棋从行动者网络的角度出发,认为处于包含了大学、政府、企业等不同行动者的行动者网络中的新型研发机构应该采用技术入股的方式来实现利益锁定,从而通过技术入股与市场主体处于同一个利益共同体之下,发挥科研主体与市场主体彼此间的协同创新网络效应,对成果持有方形成产权激励效应[27]。张玉磊等基于开放创新的视角,认为高校主导型的新型研发机构的动力机制是组成其创新活动过程中的各种要素之间相互影响和相互制约的内在机理和关系总和,这包括了通过主体之间的协作以形成资源共享并获得自身发展的内在动力机制,以及通过技术创新满足日新月异的市场需求以保持市场竞争力和科技支撑力的外在动力机制[45]。而沈彬、张建岗从新型研发机构产学研合作的角度出发,指出新型研发机构的发展需要五大力量共同推动,五大力量包括政府和市场两大外部推动力量,以及人才动力、技术动力和内部管理三个内在推动力量[46]。

以上研究均指出,新型研发机构可通过建立项目入股、技术入股等新型股权分配与激励机制,推动新型研发机构内部创新主体与外部政府和市场主体相结合,共同推进新型研发机构创新发展。而股权结构配置对创新绩效有何影响,以及如何配置股权结构是关键。对此,不少研究以上市公司、科创企业等微观主体为研究对象,展开研究与讨论。针对股权结构与企业绩效的关系,一部分学者们以上市公司为对象,研究股权集中度与企业绩效的关系以及股权结构内生性的问题。如,Berle 和 Means 指出,分散的股权结构会导致内部人控制,降低企业绩效[47]。随着 Jensen 和 Meckling 经典论文 *Theory of the Firm:Managerial Behavior,Agency Costs and Owner-*

ship Structure 的发表,越来越多的学者认为股权结构是非内生的,股权结构和企业绩效之间存在系统性的关联[48],而 Jensen 把企业股东划分为内部股东和外部股东两大类,内部股东负责企业管理决策,外部股东不具有对企业的控制权,且研究表明,内部股东的持股比例的提高会使得企业的绩效增加[49]。Faccio 分析了股利分配与股权配置的作用,发现东亚企业多个股东之间容易形成联盟,侵占其他股东的利益,使得股东之间股权的差异增大,同时会造成对企业绩效和价值的负面影响[50]。Laeven 和 Levine 指出,股东之间股权差异越小,越容易形成制衡和监督,减少对企业利益的侵占,提高企业绩效[51]。毛世平研究发现我国上市公司第二到第十大股东持股比例越高绩效就越好,意味着这些股东为了防止自身利益被剥夺,会对第一大股东进行监督,监督力度随持股比例的增加而增加[52]。针对董事会层面的控制权配置问题与企业绩效的关系,学术界主要围绕董事会内外部董事比例进行探讨。外部董事的作用在于监督和咨询[53],内部董事的作用在于向外部董事传递企业专用信息和制订战略。基于资源依赖理论和委托代理理论的研究曾经认为,在一定条件下,增大外部董事的比例有利于提高企业绩效,但制度学者则认为增加外部董事不会带来更好的企业绩效[54]。还有学者提出,在董事会规模一定的情况下,内外部董事应根据监督和咨询的成本与收益保持一个平衡的比例[55]。董事会作为解决企业代理问题的工具[56],其构成在一定程度上会影响企业绩效。也就是说,董事会结构与企业绩效之间存在相关关系。针对股权结构,即股权与控制权如何配置,现有研究主要有两类,一类是控制权与股权对等配置逻辑下的研究,认为控制权的安排应根据股权结构决定,奉行一股一票规则;另一类是控制权与股权非对等配置逻辑下的研究,认为控制权的安排可以脱离股权结构,不需要遵循一股一票规则。近年来,基于控制权安排与股权结构不匹配的企业实践,一些学者提出了股权与控制权非对等配置的设想。如郑志刚等以阿里巴巴为例分析了以不平等投票权为特征的合伙人制度,探讨了非"同股同权"下新控制权安排模式的现实合理性和理论依据[57];李海英等认为"一股一票"的规则与现实偏离,不一定是唯一的或最优的原则,以股东异质性为基础的投票权设计更符合实质平等,并更具经济效率[58]。Easterbrook 和 Fischel 曾研究过美国特拉华州的公司法,其允许企业自主决定投票权的授予和投票的方式,即企业有充分的自由进行控制权的配置,法律不对其强制规定[59]。事实上,股权和控制权是两种独立的工具,可以单独使用[60],且控制权在一定程度上是状态依赖的[61],受到企业内外部许多因素的影响,并不单单由股权决定。

综上所述,新型研发机构建立了知识产权入股以及在项目中将股权作为奖励的股权激励机制,按照研发人员的工作绩效进行股权划分,通过股权进行利益划分,大大提高了研发人员的工作积极性,且可进一步结合现有研究及企业实践,进行股权非对称配置,以进一步激发新型研发机构创新活力与参与主体积极性。同时新型研发机构以主体之间的协作作为内在动力,以满足市场需要作为外在动力,通过内部的人才、技术和外部的政府、市场等力量推动自身的发展。

2.2.2 新型研发机构的运营管理与风险管控机制的相关研究

在新型研发机构运行的过程中,需要对内部产生的矛盾进行管理协调以及对外部产生的风险进行识别管控,以确保新型研发机构内外部环境的稳定,保证新型研发机构正常运作。现有的文献也对新型研发机构的相关管理机制和风险管控机制进行了研究。东莞华中科技大学制造工程研究院在决策机制上,实行理事会领导下的院长负责制,由理事会决定研究院的重大事项;在人事管理制度方面,实行新型的人事管理制度,按企业运行模式招聘人员,并实行流动编制和固定编制相结合的人事制度,打破了事业单位终身聘用的制度[35]。而深圳清华大学研究院在项目决策机制上,摒弃行政方向干预,改由市场洞察力敏锐的行业专家、技术骨干、相关的投融资专家共同参与,以提高决策的准确性和科学性[62]。面对外部的风险,丁红燕等指出,新型研发机构面临的风险主要是技术创新带来的风险,即由于外部环境不确定性、项目复杂性、研发机构的能力有限性从而导致技术创新活动不能达到预期效果的可能性,新型研发机构可以按照风险管理的流程,通过风险分担的方式,将风险控制在各主体的承受范围之内[17]。而张玉磊等从开放创新视角指出,新型研发机构的风险投资运行机制可以通过风险投资家对研发组织运营的高强度参与,利用他们的经验和能力为技术创新构筑一条持续的资金、管理、组织等各方面的资源配置链,降低创新的风险[45]。同时高校主导的新型研发机构可以通过建立研发资本、风险资本与创新创业实体之间的对接系统,在产业资本的运行框架下汇聚风险资本,降低创新风险[36]。

综上所述,新型研发机构通过实行理事会领导下的院长负责制度或者多名专家共同决策制度以及实施企业化的人事制度,对机构内部进行管理协调,同时通过风险分担的方式,将风险控制在各主体的承受范围之内,或者通过风险投资专家参与运营,以及汇聚风险资本,来降低新型研发机构的创新风险。

2.2.3 新型研发机构的企业孵化与成果转化机制的相关研究

新型研发机构通过开展企业孵化和成果转化活动,孵化、引进高新技术企业,促进当地企业的发展,众多学者也对此展开了研究。周丽指出高校新型研发机构定位于更高的创新目标,整合高校的优势资源与企业合作,将高校高新技术转移到企业,建立高校与企业协同创新的长效机制,利用创新技术持续催生科技型小微企业,从而逐步形成由"前孵化器—孵化器—加速器—科技园"构成的完整孵化链条,降低创新创业风险。而高校实验室成果转化的机制立足于破解科技成果在"开发—小试—中试—量产—市场"等各个环节之间的约束,实验室的成果以技术入股、管理入股等多种形式,与其他创新主体共同组建高新技术企业,从产业科技含量的高端直接切入,实现科技成果市场化、产业化、规模化[36]。夏太寿等则从成果产出到转化过程的角度,指出新型研发机构采用市场化运作,其显著特色是集产业共性技术研发、成果转化、公共服务和人才培养为一体,实现从研发创新到产品再到市场的快速转化。如深圳光启高等理工研究院就探索出了从研究开发、成果转化到投资收益再投资的良性市场化运作机制[2]。曾国屏、林菲从成果转化的角度指出,研究成果与市场需求紧密配合会加速研究成果转换,从而带动产业发展,推动产业振兴,并能孵化出更多的新势力企业[63]。周文魁、韩博则是用具体的新型研发机构实例进行分析,江苏数字信息研究院充分借鉴了深圳清华大学研究院的管理运营模式,在合作平台下设企业孵化中心、技术服务中心和技术转移中心,分别承担孵化企业、技术支持和增加产值的功能[64]。王萌、刘小玲在总结各地新型研发机构发展特点的基础上,提出新型研发机构可以充分利用自身的平台优势,面向产业发展、背靠创新资源、引入金融资本,建立"政策＋创新＋产业基金＋VC/PE"的新机制,为科技成果产业化提供全链条服务支撑,继而提高科研成果转化效率[65]。

综上所述,新型研发机构通过建立高校和企业的合作机制,利用高校的创新技术,以及通过在合作平台下设企业孵化中心来进行企业孵化;同时通过高校实验室成果从产业科技含量的高端直接切入,实现科技成果市场化,或者建立"政策＋创新＋产业基金＋VC/PE"的机制,为科技成果产业化提供全链条服务支撑。

2.3 新型研发机构发展模式与行动路径的相关研究

2.3.1 新型研发机构合作建设模式的相关研究

与传统研发机构相比,新型研发机构的显著特征是建设主体具有多样性,因此诸多学者围绕各主体间如何协同合作、机构内部如何管理等方面展开关于新型研发机构发展模式的分析和讨论。谈力、陈宇山认为,在新型研发机构的组建过程中,主导单位起决定性作用,新型研发机构在一定程度上沿袭了其运行和管理模式,按照不同类型单位主导的建设模式,将新型研发机构分为政府主导、高校主导、科研院所主导、企业主导、社会组织、团体或个人主导5个类型[24]。另有学者从不同单位性质出发,将其分为海外归国人才创业、建立民办非企业机构、组建创新联盟、建立企业研发机构、政府引导新形态5个类型[20]。在这些常见类型当中,院校与政府共建型新型研发机构占比最大,丁珈、李进仪以华中科技大学无锡研究院为研究案例,探索出院校与政府共建型新型研发机构的建设发展模式特点,包括机构实体化、研用紧密化、效能最大化、成果产业化等。新型研发机构应采取理事会领导下的院(所)长负责制,运行模式企业化[66]。刘贻新等则结合新型研发机构的组织属性和理事会制度的特征,分析了理事会领导下的院(所)长负责制作为新型研发机构管理体制创新的管理优势,指出不同的组织模式和功能定位需要不同的管理模式相匹配,从"领导者"和"负责人"两个维度,将"理事会领导下的院(所)长负责制"细分为四种具体的管理模式,同时建立了理事会制度下新型研发机构一个通用组织结构[67]。任志宽结合新型研发机构现有的四类研发合作模式(技术持股、联合共建、项目孵化和人才交流),从引发过程、催化过程和阻化过程三个角度,提出新型研发机构创投基金发展模式及治理机制主要包括二元决策机制、增值服务管理机制、利益分配机制、投资监管机制、信息传递机制和创投基金运营机制等[68-69]。在定性分析新型研发机构的发展模式基础上,也有学者从理论模型角度进行结构化分析。陈红喜等基于理论模型,构建了符合新型研发机构科技成果转移转化特征的新巴斯德象限,并以江苏省产业技术研究院为例,从"使命—结构—行动"三个维度剖析了该机构科技成果转移转化模式的经验[70]。周华东从运行模式变迁角度的分析表明,新型研发机构模式包括在职能、业务范围上的拓展,建设模式的多主体共建、研发模式的集成化和运营上的柔性化管理等方面[71]。章芬等以JITRI为对象,深入研究转型中国情境下新型研发机构通过体制机制改革促进产学研融合过程,在初始阶段由政府发起和支持,在创新过程中实施高校和市场化运行机制,此外在资源整合和产业布局方面提供保障[72]。同时,新型研发机构的运行模式是多元利益主体相互博弈的"公共选择"结果,应厘清各主体的利益关系和核心诉求,以协调主体间的协同合作关系,形成可持续性的利益协同激励机制,助推新型研发机构的高效发展[73]。

综上,新型研发机构的合作建设主要由高校、政府、科研院所和企业等多主体构成,不同主体主导建设的新型研发机构会采取与之相匹配的管理模式;新型研发机构的多主体建设特点赋予其独特的运行模式,即相互博弈的"公共选择"的模式,在这个模式中,要顾全主体诉求、协调各主体之间的合作关系,形成可持续的利益协同机制,从而为新型研发机构的发展奠定稳定的基础。

2.3.2 新型研发机构要素结构及资源配置模式的相关研究

新型研发机构的发展模式与其依托科研平台的人才、技术、资本等要素在研发、孵化、转化、投资等科研活动、产业活动间的组合结构和配置模式有着重要关联。人才、技术、资本等要素在新型研发机构中体现为教育、科技、资本等,夏太寿等以深圳华大基因研究院为例,指明研究院创造了遵循基因组学发展规律的"三发三带"创新模式,即坚持由基因组为基础的科学发现到技术发明和产业发展的"三发"联动,以与国际竞争接轨的大科学项目为引领,带学科、带产业、带人才,形成了科学、技术、产业相互促进的发展模式,建立了以科研为龙头、教育为根本、产业为支撑的稳固发展模式;并指出在人才流动、项目组织、技术转化、企业孵化、产权激励、科技金融支撑等方面需要全方位、多维度地进行系统研究和设计,才能更好地推动研究院发挥功效[2]。周丽认为,高校新型研发机构的市场定位模糊了企业和高校研究机构的概念边界,"跨界、融合、一体化"成为其主要特征,高校新型研发机构推动了科学、技术、创新投资等要素与市场之间的"耦合"进程和融合效率,使得创新活动的内在要素更加密切地联系在一起[36]。叶继术指出新型研发机构的战略定位对于其发展起着关键性作用,研发机构必须围绕相关产业的顶级技术进行发展,先框定产业大方向,围绕大方向集聚技术人才、核心技术创业企业,其次从中培育战略性的创业企业,最后筛选和培育优秀的战略性企业家人才,继而能够实现精准的战略定位[74]。丁红燕等从要素配置方式角度研究新型研发机构的发展模式,提出新型研发机构的要素配置机制包括市场需求、创新战略、国家政策支持以及内部管理模式这四个维度,它们直接或者间接地为新型研发机构的发展配置了相应的要素资源,其中,市场需求为新型研发机构创新提供方向,战略要求组织的各项活动以创新为核心,国家政策支持为新型研发机构要素资源的流入提供保障,内部管理模式为创新人才提供更广阔的发展空间,这四个维度共同为新型研发机构配置人力、物力和财力等要素[17]。

综上,新型研发机构的发展过程涉及科学、技术、资本、教育等要素的筹备、整合和调整,注重与市场这一要素的耦合,从而形成市场需求驱动、创新战略定位、国家政策支持以及内部要素资源管理协同的资源配置机制。

2.3.3 新型研发机构提质增效行动路径的相关研究

新型研发机构的主要功能或任务包括科学技术研发、科技企业孵化培育、科技成果转移转化、高端人才及创新资源集聚整合等。新型研发机构必须明确发展目标和行动方向,围绕机构主要功能,针对发展过程现存问题提出相应解决方法并落实,才能够真正发挥新型研发机构促进科技成果转化功能,有效解决科技与经济"两张皮"现象。本文发现现有研究主要从制度和组织两个方面明确不同主导型和不同功能型的新型研发机构为提高发展质量、增加运行效率提出的行动路径。

在政策方面,有学者认为针对我国新型研发机构存在的科技成果转化效率低下问题,新型研发机构应该坚持市场化运行机制来提升科技成果产业化效率;同时政府要完善绩效考核指标体系,引导新型研发机构健康发展,考核体系要更加注重研发产出、成果转化情况以及人才培养等关键指标[75]。陈宝明等指出我国对研发机构的政策支持存在所有制界线,应予以打破,政府应完善对开展体制创新和研发活动的研发机构的政策支持,应尽快制定普适性的税收优惠政策、配套服务设施、引进人才政策等,并考虑以采购公共技术服务的方式来支持研发机构的发展[26]。新型研发机构的发展目前仍受到体制机制的束缚,在有关政策执行过程中,由于受事业单位编制、财政资金、国资委等方面的限制和管理,难以真正解除束缚科研人员的枷锁,有学者建议深化改革,放活编制,让机构真正"愿意为,有所为"[76]。丁珈、李进仪则针对不同主导型新型研发机构如何破除现有的体制机制提出了创新性路径,政府主导型新型研发机构需改进政府扶持方式,高校和科研院所主导型新型研发机构要健全科技成果转化机制,企业主导型新型研发机构需加强普适性政策措施的制定和落实,社会组织、团体或个人主导型新型研发机构则要建立法人财团等新型法人制度。根据新型研发机构建设不同阶段的需求,政府部门应适度监控和管理,掌握好参与时机和力度[66]。

在组织方面,人才是发展新型研发机构的根本,组织结构是新型研发机构运行的基础。陈雪、叶超贤认为首先要从源头上将人才作为发展的根本,建立一系列的人才培育、用人、薪资福利制度;其次针对不同需求招聘不同类型的人才,如能承担政府科技项目的技术型人才、具有海外背景的对外合作型人才、拥有产业化经历的产业型人才等,让人尽其才、各取所长;最后要做好基础配套设施建设,增加便民服务设施,让人才拥有舒心的工作、生活环境[76]。丁红燕等分析了新型研发机构的特点,指出要建立及完善以创新为核心的组织管理模式;各种类型新型研发机构必须实行管投分离,独立运作,建立以科研人员为核心的组织结构和管理模式;为了提高科研人员的积极性,在创新成果的利益分配方面,要加大对科研人员收益分成的比例[17]。

综上,新型研发机构为了提质增效,需要从制度和组织两个方面入手。在制度方面,机构通过推行市场化运行机制来提升科技成果产业化效率;政府要协助机构完善绩效考核指标体系,在参与新型研发机构的建设过程中要把握好参与力度,完善相关政策法规为新型研发机构的发展提供畅通无阻的体制环境。在组织方面,完善好以创新为核心的组织管理模式,实行投管分离,建立好以科研人员为核心的组织结构,注重人才引进和培养,提升新型研发机构的创新能力。

2.4 促进新型研发机构提质增效对策建议的相关研究

2.4.1 关于强化政府政策力度的相关研究

近年来,众多学者围绕新型研发机构的发展难题展开了广泛的研究,针对新型研发机构的各个主体提出了相应的对策建议,特别是政府方面的相关政策建议。此外,2021年12月24日新修订的《中华人民共和国科学技术进步法》,明确了新型研发机构的法律主体地位,给出了明确的支持方向[77]。总体而言,我国新型研发机构整体定义不明确,在发展过程中出现定位不清、区域发展不均、区域合作程度低、政策缺乏规划以及体制机制不完善等问题[78]。因此,新型研发机构的发展既要加强顶层设计、强化政府引导、落实区域合作、完善体制机制,政府应以法律的手段明确新型研发机构服务社会、实现知识成果产业化、提升创新效率的功能定位,确认新型研发机构的统一法人身份;也要强化政府组织领导和协调调度能力,统筹研究制定促进新型研发机构发展的政策措施,充分发挥政策引导作用,提高政策吸引力[79-80]。同时,政府还需要不断优化和提升政策导向的稳定性,积极引导发挥有效市场的决定性作用,避免过多的行政干预,强化新型研发机构的市场需求导向作用,并注重处理好政府与市场的关系,强化企业在新型研发机构中的主导地位[80-81]。政府应完善知识产权保护法,并围绕新型研发机构的组建、运行等关键环节,出台一系列相关的配套措施,各地方应结合当地特点,借鉴其他城市的经验,进一步明确新型研发机构边界,逐步完善机构在定期考评机制、注资机制、项目申请、税收优惠等方面的配套政策[82]。还要建立跟踪评价机制、日常联络机制、年度信息报送制度等等,逐步完善新型研发机构配套政策,营造良好的市场竞争秩序[83]。要为新型研发机构提供高效的精准服务,建立只跑一次的办事流程、建设"一站式"解决问题窗口等[79]。同时,也要从人才、融资、厂房和设备各方面出发,健全支持新型研发机构发展的中长期政策。加大对落后地区的公共性科技投资,推动各区域科技创新协同发展[84]。周泽兴等指出对于民办非企业类新型研发机构,中央和地方应联合出台一系列相关的配套措施,构建新型研发机构数据库等[85]。对于校地共建型新型研发机构,政府要不断健全关于合作机制、财务管理等方面的法律法规,还需加强制度执行力,尤其要关注共建型新型研发机构的统一指导问题;同时,政府要加大扶持力度,完善多种扶持方式,积极地帮助新型研发机构解决发展中的问题[86]。在新型研发机构内生发展能力尚不足的情况下,政府应更好地发挥财政金杠杆效应,丰富融资品种,拓展融资渠道,发挥政府对新型研发机构的信贷融资、市场化融资以及税收扶持作用,切实解决新型研发机构发展中的融资问题[35]。

综上所述,加强顶层设计、强化政策引导是推动新型研发机构健康发展的重要因素。各地政府要根据中央政策文件精神,结合本地新型研发机构的实际发展情形,制定行之有效的项目申请、税收优惠、定期考评、跟踪评价、市场化融资等一系列的配套政策措施。

2.4.2 关于强化多主体合作与协调配置资源的相关研究

我国的新型研发机构大多是在政府、高等院校、科研院所或者企业的主导下发展起来的,因此,多主体间的协同、资源的合理配置是制约新型研发机构发展的一大难题。加快发展新型研发机构,实现不同主体之间的协同合作,能够更好地转化高等院校、科研院所的科技成果,所以政府要协助机构对不同主体合理分工,使之有效合作,并对新型研发机构实行分类管理,对于不同主体主导的机构,要根据功能定位的不同,制定能充分调动各方积极性的差异化方案[85]。龚雷指出合肥市新型研发机构多头管理弊端日益突显,建议成立发展领导小组负责统筹规划,也建议由市科技局牵头,市发改委、市财政局以及其他相关市直部门各司其职,明晰责权[87]。南京市在依托高校院所人才团队组建新型研发机构的同时,鼓励现有龙头企业利用自身平台资源,联合共建新型研发机构。同时,建立合理高效的科研管理制度,调动科研人员的创造性和积极性,有效融合政府、个人、企业等多方主体,注重引导和调节资源的合理分配[88]。

也有学者从资源协同配置层面为政府提供建议。首先,人才也是一种重要的资源要素,要完善市场化的人才资源配置机制[84]。同时,也要降低资源配置中心化的显著性,结合各地发展实际情况,合理地给予倾斜性扶持政策,引导发达地区对口帮扶落后地区[89]。其次,王宏等基于企业、政府、新型研发机构、行业组织等面向区域创新发展的参与主体,提出建立以第三方运营型平台组织为中心的协同创新发展机制,建立常态化交流对话机制,共享资源;积极构建新型研发机构创新资源云服务网,系统梳理、充分挖掘本土特色产业资源,从产业的视角出发,对资源、能力进行优化、集聚,促进科技成果转化[83]。

综上所述,政府、高校、科研院所和企业共同参与建设新型研发机构,是促进科技成果转化的有力推手,而如何协同多主体的职能、合理配置资源,则是各方需要协同解决的问题。根据新型研发机构主导主体的不同,采取针对性的策略,逐步使新型研发机构向以企业为主导、市场化运营的方式转变。

2.4.3 关于人才团队建设方面的相关研究

各级政府要积极制定人才扶持政策,不断优化人才的引进、培养和评价激励机制。对高层次人才给予创业科研启动经费、安家费、购房补贴,全力保障人才的住房、医疗、子女教育等生活需求,对于新型研发机构创新创业团队的核心技术人员给予固定薪酬、税收减免等优越福利;培养当地支柱和新兴产业急需的高技能型人才;建立人才激励机制,如股权激励、收益提成、项目制奖励等,充分调动科技创新人才的积极性[90]。同时,各地应创新人才引进方式,依托地方主导产业和优势学科,推动国内知名研发平台与国内外知名高校、研发机构共同设立高水平新型研发机构,推进海外引才引智基地建设,吸纳更多拥有知识产权、具有国际竞争力的高端人才[91]。邓福明等指出海南省新型研发机构发展的核心要素是人才,各研发机构应根据自身的功能定位,从国内外科研院校中选聘高层次人才构成机构的研发骨干[92]。开创灵活的聘用管理方式,通过构建法治化的人才发展治理体系,提高人才服务水平和质量,建立人才共享服务平台,开辟人才共享绿色通道[93-94]。孙刚指出安徽省应加大高水平研发机构的引进,突出人才培养与团队引进的考核;对于引进高层次人才的新型研发机构,建议政府适当提高相应的补助[95]。另外,不仅要完善人才引进与人才培育机制,也要重视机构文化的建设,将员工的多样化诉求纳入机构愿景,打造既能够吸引人才、也能够留住人才的精神文化[96]。同时,也要进一步完善新型研发机构人才评价指标体系,突出绩效考核的导向,大力推广第三方绩效考评、同行评议等绩效评价方式[97]。

综上所述,人才是新型研发机构的灵魂,如何引进人才、留住人才,每个机构都需要重点考量。除了政策上的红利之外,各新型研发机构要建立完善的人才激励机制、灵活的聘用管理方式、突出的绩效考核方式以及机构自己的精神文化。

2.5 文献述评

根据对新型研发机构相关文献的梳理总结,本文发现,以往的学者对新型研发机构的研究由浅入深,从对新型研发机构的概念界定开始,到对新型研发机构的功能特征以及新型研发机构的发展模式和运行机制,再到促进新型研发机构提质增效的对策建议,研究内容也逐渐多样化。现有文献研究的问题主要包括对新型研发机构发展绩效的评价、提升核心竞争力、多主体协同机制研究等,研究重点主要包括新型研发机构的发展现状、运行机制和行动路径等。

其中,部分学者从不同的角度对新型研发机构的概念界定、功能特征进行了阐释。也有部分学者将新型研发机构的运行机制从激励机制、风险管控机制、成果转化机制等方面进行了研究。同时,还有学者根据新型研发机构主体与功能的不同,探讨了适合不同类型的新型研发机构的合作建设模式、要素结构以及资源配置模式,并且针对发展过程中存在的问题,制订了相应的行动路径和解决措施。最后,根据自己的认知提出了相关政策建议。这些研究均为我们的项目奠定了良好的基础。

但是,目前针对新型研发机构的研究仍然不够完善,主要存在下述问题:第一,缺乏针对南京现有不同类型新型研发机构的投入效率和产出质量的现状分析,多数学者只从整体角度分析新型研发机构的发展现状,没有深入分析影响机构发展的质效现状;第二,缺乏识别南京市新型研发机构发展瓶颈、发展阶段的精准定位,部分学者只对新型研发机构的运行机制和发展模式进行了分析;第三,缺乏针对新型研发机构如何突破瓶颈、实现提质增效的内在机理的深度解析;第四,缺乏针对新型研发机构为了调动研究人员积极性以及引进社会资本融资所实行的股权激励及股权分配制度的研究与解析;第五,缺乏从开拓市场能力出发,对新型研发机构任务、发展机制的系统性研究和思考。

而这些问题正是当前南京市新型研发机构实现提质增效所迫切需要解决的。因此,本项目基于对南京市新型研发机构发展现状的实际调研,分析当前发展中存在的问题,针对市场开拓所需的集成能力培育,解析提质增效的本质及内在机理,进而提出能够促进南京市新型研发机构提质增效的对策建议。

第三章

典型新型研发机构发展现状分析

自 1996 年 12 月深圳市政府与清华大学联合成立我国首个新型研发机构—深圳清华大学研究院以来，在属性、机制和功能上不同于传统科研机构的新型研发机构在中国蓬勃兴起。如今，新型研发机构已成为推动区域创新发展的重要举措和政策工具。为进一步了解新型研发机构的发展现状及存在问题，本章选取美国、以色列、德国、澳大利亚等发达国家和北京、深圳、杭州、上海等国内典型城市的新型研发机构进行发展现状分析；并重点针对新型研发机构建设发展较早、成效较为突出、且新型研发机构建设正处于由规模扩张向高质量转型的城市—南京为例，从融资体系、股权结构、功能定位以及机构组织性质等入手，对比分析其发展特征，进而在此基础之上，围绕技术研发、科技企业孵化、科技成果转化、高端人才集聚等功能定位方面，挖掘我国新型研发机构发展存在的问题，为下文研究奠定现实基础。

3.1　国内外典型新型研发机构发展现状及特征分析

在进入 20 世纪之后，发达国家的科技成果转化不断推动产业的更新迭代。面对新一轮科技产业革命，国外开展了类似新型研发机构的创新实践，成立了相关的企业研究院、公共技术研究院、创新技术协会等组织，以探索企业、政府、高校、科研单位以及其他社会资源的融合与协同。国内最先出现的新型研发机构是 1996 年成立的深圳清华大学研究院，之后新型研发机构在我国深圳、广州、北京等城市迅速落地与建设发展，取得了显著的成效。南京市与国外和国内典型城市相比，新型研发机构的发展起步较晚，发展经验略有不足。因此为了对南京市新型研发机构的发展现状有更清晰的认知，本研究选取经济发达、科研创新领先的美国和以色列等国家和国内科技创新水平突出、创新发展质量高的北京、深圳等城市在新型研发机构的性质、功能定位和股权结构等方面进行对比，以识别出南京市新型研发机构具有的发展特征。

3.1.1　国外典型国家新型研发机构发展现状

（1）美国新型研发机构的现状

早在 20 世纪美国已经开始针对企业、政府及其他社会资源间的融合问题进行探索,其中1925年创建的隶属于美国电话电报公司的贝尔实验室是早期研发机构的典例,其相继创造了晶体管、激光器、发光二极管、数字交换机、通信卫星、有声电影等革命性的世界重大科技发明,推动了全球科技的发展与进步。进入21世纪后,美国开始对研发机构组织形式展开进一步探索。2020年6月,美国总统科技顾问委员会在《关于加强美国未来产业领导地位的建议》中首次提出要创建一种新的、世界级的、多元参与的研究所。该报告提出,新的研究所应充分利用美国国家实验室的力量,整合多个研究领域,跨越前沿研究和产品开发阶段,成为产业界、学术界和非营利组织共同参与的平台。2021年在《未来产业研究所:美国科学与技术领导力的新模式》中,美国总统科技顾问委员会指出未来产业研究所是美国为实施未来产业发展战略设计的新型创新主体,是面向国家战略需求组建的多部门参与、公私共建、多元投资、市场化运营的研发机构,具有独特的组织模式和管理机制,是研发机构在美国的最新发展形式。未来产业研究所建设的主要目标是促进从基础研究、应用研究到新技术产业化的创新链全流程整合,推进交叉领域创新,促进创新效率提高,从而成为美国未来产业研发体系中的核心主体。

从最初的贝尔实验室到现在的未来产业研究所可看出,美国近年来对新型研发机构的重视程度不断上升,其通过不断深入地探索跨领域整合资源和跨领域展开科技创新研究,大大促进了新型研发机构的建设发展。

(2) 以色列新型研发机构的发展现状

以色列在20世纪末开始进行对科技成果转化的探索。1991年以色列政府为支持国民以专有技术创业,并促进大学和科研机构的技术成果产业化,建立了科技企业孵化器,新型研发机构由此在以色列逐步发展开来。截至目前,以色列拥有约3 000家高科技公司,以及约2 000家新兴公司。以色列政府技术孵化器每年孵化70至80个成果,有60%成功吸引到私人投资。考虑到自身土地和水资源贫乏的状况,以色列把发展科技作为立国之本,期望利用先进科技来弥补资源的不足。为提升科技在国家建设中的地位,以色列从议会到地方政府部门均积极推行新型研发机构建设发展,现已形成多类型多层次的新型研发机构体系。以色列各部委根据具体职能差异分别设立相应的功能性研发机构,如在以色列工贸部下设立工业研发中心,负责协调和管理全国工业创新产品和应用技术研究。除此之外,以色列还针对各区域发展实际成立区域研发中心,如以色列科技部现已在全国设立了11个区域研发中心,致力于本地区环境、农业等相关领域的研发。另外,以色列还根据企业性质差异建立了本地企业研发机构与外资企业研发机构。除了上述类型的研发机构外,以色列还设立了高校科研院所研发机构,例如闻名于世的魏茨曼科学研究学院、耶路撒冷希伯来大学、以色列理工学院等,均已成为技术转移的重要载体。以色列坚持"科技立国"的指导方针,主张"以质取胜",用科技创新的优势弥补本国自然资源的劣势,逐步建立政府、科研院所、企业协同创新的技术转移机制。以色列已建立的技术转移方式主要有以下几种:一是科技成果授权使用加上技术服务,二是以专利入股加上技术服务,三是与相关企业签订项目研究合同,四是建立联合研发体,利用完备的技术转移机制调动各方面的积极性,形成政府、科研院所、企业与产业界之间的良性互动。以色列通过多样化的技术转移方式促进了技术成果的转化。

综合来看,以色列新型研发机构建设发展成效显著,其秉承着科技立国的方针政策,结合国家及各区域的发展需求,建立了覆盖多区域、涉及多功能定位的多类型多层次研发机构体系。同时以色列还注重对技术转移机制的研究,并通过建立协同创新技术转移机制加速了技术转移与成果转化。

(3)德国新型研发机构的现状

19世纪中叶至二战以前,德国工业大量吸纳科学资源,科学研究进展神速,德国也因此取代英法成为世界科学中心,并在科学发展过程中发展了很多目前在整个科学界推广的组织方法,建立了一套相对完善的科学研究体系。马普学会是最具德国特色的科研机构。二战以后,为适应现代科学发展和加强科研与国家需求的联系,德国建立了一大批科学研究中心,从事大科学装置类和高技术类研究,并在此基础上最终整合建立了赫尔姆霍兹联合会,同时发展面向企业的应用研究开发机构,形成了弗劳恩霍夫协会。这些科研机构在德国各个城市设立了百余个世界一流的研究所和实验室,在德国科研创新体系中占据举足轻重的地位。德国政府数据显示,来自政府和经济界的科研经费近年来持续增加,2017年实现了科研经费GDP占比超过3%的目标。而且,这一数字还在持续增长,争取到2025年实现GDP占比达到3.5%。政府在投入大量科研经费的同时,也发布了多个项目资助计划,例如"研究与创新公约""卓越计划""研究型校园计划""高科技战略2025"等。这些计划无一不充斥着政府、科研机构、大学、工业界的身影,通过连接政府与高校、产业、科研机构,提升德国在科学研究、产业技术创新和工业领域的竞争实力,也促成了德国新型研发机构的建设。

以弗劳恩霍夫应用研究促进协会为例,该协会成立于1949年,它是以德国科学家、发明家和企业家弗劳恩霍夫的名字命名,是德国也是欧洲最大的应用科学研究机构。截至2018年,协会的合作伙伴遍布全球82个国家,并且有8个独立的国际弗劳恩霍夫附属机构,其中欧洲5个,美国1个,南美洲和亚洲各1个。德国以外的弗劳恩霍夫中心有16个。截至2018年底,协会拥有26 648名员工,其中研究、技术或行政工作人员18 913人,学生7 225名和学员510名,同比增长5.2%(1 321人);年收入26亿欧元,同比增长12%,其中22亿欧元来自科研合同。一般联邦政府和州政府每年资助占总经费的30%左右,其他约70%的经费来自工业和公共资助的研究项目收入。协会管理机构是由理事会、执行委员会、学术委员会、会员大会、高层管理者会议构成。理事会是协会的最高决策机构,由来自政府、科技界和工商界的代表组成的会员大会选举产生。执行委员会负责协会日常管理。学术委员会是协会的咨询议事机构,其在人事政策制定、科研成果、知识产权、科研经费、合同项目收益等方面有建议权。协会实行所长负责制,是项目研发的基础单元。协会是技术导向型研究机构,它不同于全部政府资金资助的高校和科研院所,也不同于面向产业为导向的研发机构,而是介于两者之间的支撑产业发展共性技术类型的非营利研究机构,是一种面向具体应用和成果的企业创新模式,能够向市场提供科技创新成果,并被市场所接受,打通了一条科技成果通向市场的通道。在经费使用管理方面,协会每年总收入中,70%左右的资金来自项目收入,30%左右的资金来自政府资助。在政府资助资金中,30%来自政府的直接拨付,70%来自项目收入。这种经费分配方式,既体现了协会的公助性、公益性、非营利性,又保证创新性和竞争性,促进了科技成果的转移转化。

(4) 澳大利亚新型研发机构的现状

澳大利亚现有42所大学,其中只有3所私立大学,以公立大学为主。在

2020年QS世界大学排行榜前1 000名中,澳大利亚就有7所大学上榜。澳大利亚的大学与美国、德国等国家相比,可以说是历史不长,数量也不多,但澳大利亚大学的教育质量和科研水平建设成效如此快速且显著,很大程度上得益于澳大利亚政府对于大学科研创新的支持和产学研合作战略的推行。1992年澳大利亚政府发布国家竞争力资助计划(National Competitive Grants Program, NCGP),由澳大利亚研究理事会(Australian Research Council, ARC)直接管理。NCGP计划下分为"发现(Discovery)"和"联合(Linkage)"两种资助项目。其中,"发现"项目主要资助单个的科研人员和项目,包括澳大利亚获奖者计划、青年研究人员职业发展计划等5个资助计划;而"联合"项目主要通过资助项目促进大学、工业、政府、科研机构以及国际科研群体的合作,包括ARC卓越中心计划、合作计划、产业转型研究中心计划、产业转型培训中心计划等7个资助计划。为此,"联合"项目也是澳大利亚新型研发机构建设的主要路径。

3.1.2 国内典型城市新型研发机构发展现状

(1) 北京市新型研发机构发展现状

北京在2001年成立了专门从事生命科学基础研究的科研机构——北京生命科学研究所——以探索体制机制的创新,这也成为了北京市新型研发机构发展的范例。在此之后,北京涌现了北京协同创新研究院、北京蛋白质组研究中心、北京石墨烯研究院和北京脑科学与智能技术研究院等新型研发机构。为了明确新型研发机构相关概念、引导新型研发机构的发展,北京市在2018年出台了《北京市支持建设世界一流新型研发机构实施办法(试行)》,对新型研发机构的定义和成立条件进行了明确的规定。文件指出,北京市新型研发机构是指聚焦科技创新需求,主要从事科学研究、技术创新和研发服务,投资主体多元化、管理制度现代化、运行机制市场化、用人机制灵活的独立法人机构,可依法注册为科技类民办非企业单位、事业单位和企业。北京市政府在2021年初印发的《2021年市政府工作报告重点任务清单》一文中补充了新型研发机构应当发挥的作用,即要充分发挥中央在京创新资源作用,推动各方科技力量优化配置和资源共享,支持量子、脑科学、人工智能、应用数学等新型研发机构发展。

截至2021年底,北京市新型研发机构已经汇聚了一批战略科技人才及创新团队,如量子院组建了342人的专兼职人员队伍以及18支科研团队,从海外引进高端人才50人,其中外籍15人,脑科学中心人员总数达到351人,其中高层次人才34人。北京市新型研发机构也产出了一批具有世界影响力的研究成果,北京生命科学研究所以通信作者单位发表SCI论文525篇,平均影响因子11,在《自然》《科学》《细胞》三大国际顶尖科学刊物上共发表论文48篇。北京协同创新研究院是发展较为突出的典型范例,其已从共建高校中"双聘"75位顶尖科学家来负责把握技术发展方向,并从海内外公开招聘268名专职产业研究教授从事技术研发;自研究院成立以来,已累计启动包括"仿真软件""外骨骼机器人""兆瓦级超临界二氧化碳热泵"等具有世界领先水平的百余项项目。

综合来看,由于北京市科技资源丰富,其基础研发和源头创新的实力较为突出,但是京津冀地区的产业协同能力不足,换言之,相较于珠三角地区,其产业链完备性略为欠缺,难以快速实现科技创新成果的产业化。因此,北京市新型研发机构更偏重基础前沿和产业关键共性技术的研究;同时北京市新型研发机构中作为法人代表的领衔科学家,可以兼顾体制内外的优势,强化资源的汇集和利用,有效协调高校、科研院所的创新资源,推动产学研协作。新型研发机构在性质上,多为事业单位、社会组织中的民办非企业。此外,由于北京的高校、科研院所数量众多并且部分具有户口、住房、教育和创新等资源优势,导致北京地区的人才争夺战十分激烈。北京市新型研发机构由于发展时间尚短,不仅很难吸引到人才,其机构内的优秀科研人员及团队也很可能被其他高校、科研机构的优厚条件所吸引,因而在人才吸引和保留方面也面临较大的压力。

(2)杭州市新型研发机构发展现状

自2015年以来,杭州引进了大院名校项目39个,其中一些项目已经开始按照新型研发机构来运营,如中乌航空航天研究院、中科院理化所杭州分所等。之后,阿里达摩院与之江实验室也相继宣布成立,成为杭州市新型研发机构的典型发展案例。为加快杭州市新型研发机构培育和发展,完善杭州市区域创新体系,杭州市科学技术局在《杭州市新型研发机构备案管理暂行办法(征求意见稿)》中对杭州新型研发机构的定义和功能进行了明确的规定,文件指出新型研发机构一般是指投资主体多元化、建设模式国际化、运行机制市场化、管理制度现代化,具有开展技术研发、孵化科技企业、推动科技成果转化、集聚高端人才等功能的,具有可持续发展能力,产学研协同创新的独立法人单位。杭州市政府在《杭州市人民政府关于完善科技体制机制健全科技服务体系的若干意见》中指出新型研发机构应着重发展的方向,即聚焦于数字经济、先进制造、生命健康和新材料等领域,培育和建设投资主体多元化、管理制度现代化、运行机制市场化、用人机制灵活化的新型研发机构。

杭州市各区域在政策指导下逐步建立新型研发机构,以西湖区为例,截至2021年底,西湖区已有国家级双创平台15家,省级双创平台16家,市级创新平台14家。其中不乏一些发展较为突出的新型研发机构,如西湖实验室、北京航空航天大学杭州创新研究院、华为杭州研究所等。杭州市新型研发机构的发展成效显著,自2016到2021年,引进的国家高新技术企业从1 979家增长到10 222家,增长416.5%;成立的科技型中小企业从6 027家增加到19 506家,增长233.6%;技术合同登记成交额从87.99亿元增长到875.2亿元,增长894.7%。总的来看,杭州市新型研发机构发展基础扎实,创新氛围良好,在发展的过程中注重引进科技人才,但是在针对新型研发机构的相关配套政策方面还有待完善。

(3) 深圳市新型研发机构发展现状

1996年我国第一家新型研发机构——深圳清华大学研究院成功落地深圳,此后,中科院深圳先进技术研究院等国内典型机构相继建立。为促进深圳市新型科研机构发展,规范深圳市科技研发资金管理,提高财政科研投入资金绩效,深圳市财政委员会印发了《关于加强新型科研机构使用市科技研发资金人员相关经费管理的意见(试行)》。该文件指出,深圳市新型科研机构是指在深圳市合法注册登记,以承担科学研究、技术开发等公益社会服务为主要业务或职责的科技类民办非企业单位或除国家机关外的其他组织利用国有资产举办的,不实行编制或员额管理,不纳入财政预算管理的事业单位。深圳作为最先成立与发展新型研发机构的城市,其新型研发机构的整体建设与发展已趋于成熟。

截至2020年底,深圳市已建设了一批发展成效良好的新型研发机构。

其中,深圳清华大学研究院获得国家奖3次,省部级奖项8项,累计孵化高新技术企业2 600多家,投资和创办400多家高新技术企业,培育25家上市公司,为区域的经济建设和科技发展提供了强大支撑。中国科学院深圳先进技术研究院亦取得不俗的成绩,自成立以来已累计发表专业论文1.4万篇;专利发明方面,已累计申请专利12 448项,授权专利4 948项,申请量在全国高校及科研院所中排名第一;引进人才方面,自成立至今博士后共获资助28项,资助金额244万元,拥有全职海内外院士14位,全球前2‰顶尖科学家榜单入选者31人,国家级高层次人才133人,累计国家级各类人才超220人。

综合来看,深圳市新型研发机构具有以下特色:注重引进国际前沿领军人才和创新团队,将顶尖人才视为新型研发机构获得成果的关键因素;建立了科学的治理结构和灵活的管理机制;在机构性质上,包括事业单位、企业和民办非企业等,在治理结构上通常采取"出资人—理事会—院长"三方治理结构模式;同时注重引入社会资本,打通从科研到产业的链条,将投资机构引入研究院理事会,联合组建天使投资基金和风险投资基金,形成了科技成果转化资本支持体系。

(4) 上海市新型研发机构发展现状

上海在培育和发展新型研发机构上进行了积极探索,围绕战略性新兴产业和重点产业发展,利用政产学研用各方资源组建,致力于新兴技术的研发与成果转化,建设并发展了一批专业化、市场化、国际化的新型研发机构。2019年3月,上海颁布《关于进一步深化科技体制机制改革 增强科技创新中心策源能力的意见》(简称上海科改"25条");同年4月,由市科委等6个部门联合发布《关于促进新型研发机构创新发展的若干规定(试行)》,提出"新型研发机构是有别于传统科研事业单位,具备灵活开放的体制机制,运行机制高效、管理制度健全、用人机制灵活的独立法人机构",明确了上海市新型研发机构建设发展的基本要求和政策支持方向。

截至2020年底,上海有30多家登记备案的新型研发机构,分为3类:研发服务类企业15家(主要是市级研发与转化功能型平台)、实行新型运行机制的科研事业单位4家、科技类社会组织14家(民办非企业单位)。

第一类是企业性质的新型研发机构。如上海微技术工业研究院,它是上海首批立项建设的研发与转化功能型平台之一,也是由上海市政府、中科院、嘉定区等多方投入共建的国有企业。研究院集研发、工程产业化、投资孵化于一体，以国家战略任务为牵引，聚焦 MEMS、AIN、硅光等领域引领技术创新，在毫米波雷达、微流控生物打印、功率器件（Insulated Gate Bipolar Transistor，IGBT）等 20 余个超越摩尔集成电路细分技术领域实现了技术熟化和转化，为行业上下游企业提供可靠、高水平的专业研发服务，助力企业缩短新产品开发周期、降低研发成本，面向全球引进行业顶级的高水平人才团队，实施企业化的用人机制，不断孵化培育创新型企业，累计服务用户单位近 500 家，累计收入 7.67 亿元，成功实现了自我"造血"。

第二类是事业单位性质的新型研发机构。如上海脑科学与类脑研究中心、上海期智研究院等新型事业单位，是上海根据国家实验室建设的战略任务需要，对接中科院计算所、浙江大学等建设的具有事业单位性质的新型研发机构。机构采取"三不一综合"（不定行政级别，不固定编制数量，不受岗位设置和工资总额限制，实行综合预算管理）的新型体制机制。

第三类是民办非企业性质的新型研发机构。如上海产业技术研究院，其成立之初定位为服务产业、开放创新的"智囊、平台、桥梁和枢纽"，8 年来围绕上海重点产业领域着力搭建创新组织平台，并积极实践传统科研体制与市场化体制融合的运行模式。随着上海科创中心建设对产业创新策源能力的要求提升，近年来上海产研院正加快并深化改革，按照专业化、市场化、国际化要求进一步转型，担负起统筹协调推进全市研发与转化功能型平台建设发展的使命，立足上海面向长三角产业更高质量一体化发展，针对共性技术研发与转化推动创新资源协同和集聚，提升资源要素配置能效，加速科技成果产业化转化，服务支撑上海科创中心建设。

从组建和运行实际效果来看，上海市新型研发机构在一定程度上推动了产学研用融合，在集聚高水平专业人才、带动重点产业发展、引领区域创新等方面开始显现出积极作用；但整体上还存在受体制刚性约束较大、内部激励评价机制不健全、实际运作偏离目标导向、政策协同性较弱等问题。

3.1.3 南京新型研发机构发展现状及特征分析

南京新型研发机构是指围绕南京市主导产业和未来产业规划布局，以产业技术创新为主要任务，多元化投资、市场化运行、现代化管理且具有可持续发展能力的独立法人单位。自2017年南京提出实施创新驱动发展的"121"战略以来,建设新型研发机构成为南京创新名城建设的关键抓手。南京新型研发机构通过开展技术研发、孵化科技企业、转化科技成果、集聚高端人才等创新活动,助力区域创新发展。为全面解析南京新型研发机构总体发展现状,本节将围绕新型研发机构的功能定位、类型解析、总体发展规模、不同区域和产业的分布情况等方面对南京新型研发机构总体发展情况进行深入剖析。

（1）南京新型研发机构发展现状

① 功能定位

作为创新名城建设的主要抓手,南京新型研发机构以开展技术研发、孵化科技企业、转化科技成果、集聚高端人才为功能定位,致力于将南京打造成创新人才集聚、创新生态优良、创新动力强劲的创新高地。为了引导南京新型研发机构的发展,南京市科技局在其发布的"1号文"中,多次提及新型研发机构的发展建设问题,并且逐步对其功能进行了扩充：2018年的"1号文"中,政府部门着重强调新型研发机构要孵化出更多南京本土创新型企业,推动相对成熟的科技成果项目落地,促进科技成果高效率转移转化；2019年"1号文"则是强调新型研发机构要加快科技企业孵化和成果转化,提升应用基础研发能力和技术源头供给,使其成为人才实训基地、成果转化的重要平台,组织共性技术攻关,将南京打造成具有国际竞争力的全球化协同创新高地；2020年的"1号文"指出新型研发机构要集聚高端创新要素,推动产业协同发展强链；2021年"1号文"则指出新型研发机构的发展要向技术源头和产业应用双向拓展,利用专业机构培养产业创新人才；2022年"1号文"提出支持由龙头企业和新型研发机构牵头组建体系化、任务型的创新联合体,并推动新型研发机构平台化发展,支持新型研发机构建设技术工程化平台和产品应用转化平台。综合来看,对于新型研发机构的建设发展,南京市政府逐渐聚焦于创新要素集聚、产业集群打造以及高层次人才培养等方面的发展。

② 类型解析

南京市政府提出,新型研发机构的建设定位是创新型"老母鸡"、研发型孵化器,即对新型研发机构的定位侧重于研发和孵化。另外,通过实地调研与访谈发现,在进行创新发展过程中,不同的新型研发机构在主导业务与核心功能定位等方面存在差异。因此,本研究将根据新型研发机构在技术研发与企业孵化等方面的侧重性将其分为偏研发型和偏孵化型两类。其中,偏研发型新型研发机构多是依托于高校和科研院所,通过利用新型研发机构的跨领域资源整合优势进行科学技术的研究创新,力争突破前沿技术、攻克"卡脖子"技术,解决特定关键领域和战略新兴产业发展中的技术瓶颈,在引领产业技术变革方向的同时,通过提供技术服务,将理论、技术的供给者和技术的使用者联结起来,促进技术成果的转化。偏孵化型新型研发机构则是在运行中侧重于企业孵化以及高新技术企业的培育,其在按照南京市政府的建设要求孵化高新技术企业、打造产业集群的同时,利用孵化的企业进行再造血,从而实现对自身的反哺,完善自身的盈利模式。

③ 总体发展规模

根据南京市政府发布的文件中公布的数据可知,截至2020年12月,签约落地的南京新型研发机构总数达到409家,覆盖多个主导产业和未来产业,总投资578 973.1万元,备案新型研发机构员工总数为14 690人。从新型研发机构新增备案数量来看,南京市2018年新增108家备案新型研发机构,2019年新增102家备案新型研发机构,2020年新增113家备案新型研发机构,2021年新增80家备案新型研发机构。南京市新型研发机构累计备案数量基本保持逐年稳定增加的态势(图3-1),这在一定程度上反映出近年来南京市政府对新型研发机构的高度重视,不断推动新型研发机构的建设落地,同时也反映出南京市新型研发机构的整体建设发展态势良好。

图3-1 2018—2021年南京市新型研发机构累计备案数量

从资金投入来看,截至2020年底,南京市新型研发机构计划投入资金金额为404 848.4万元,已完成投入资金金额578 973.1万元,完成率达143.01%。从营业收入来看,2020全年新型研发机构收入432 327.1万元,孵化引进的企业收入731 584.8万元。新型研发机构成功实现营业收入表明其投入运营的资金资源已初见成效,其中栖霞区、江北新区和江宁区的新型研发机构2020年的营业收入排名前三位,而高淳区、溧水区和浦口区则排名后三位(图3-2)。总体而言,南京市新型研发机构整体运营态势良好,资金投入及营业收入情况均较好。

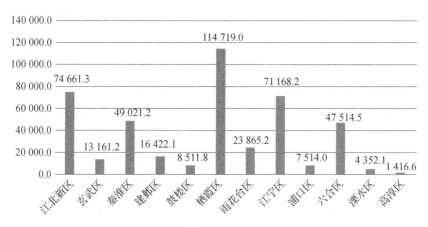

图3-2 南京市各区新型研发机构2020年营业收入

新型研发机构是具有多重功能定位的独立法人单位,近年来在不同的功能定位方面也不断拓展与发展。在聚集人才方面,南京新型研发机构引进了一批具有高层次创新能力的科研人员,以及具备市场经验、懂技术、懂管理的职业经理人员。截至2020年底,南京市备案新型研发机构员工总数为14 690人,其中研发人员11 602人,占比78.98%;硕士学历以上人员7 110人,占比48.40%。此外,引进诺贝尔奖获得者6人,院士98人,且已有341家新型研发机构聘请职业经理人,占机构总数的83.3%。在企业孵化培育方面,南京新型研发机构主要是孵化科研项目,培育高新技术企业。截至2020年底,全市新型研发机构已有在研在孵项目2 132个,孵化企业5 588家,引进企业3 326家。孵化培育的企业中,高新技术企业有274家,省入库企业有299家。在社会服务方面,南京新型研发机构为初创型企业提供了资金支持与研发服务。截至2020年底,南京市新型研发机构正式成立的天使基金总规模达807 240万元,已使用的天使基金规模达97 732.4万元,研发服务平台数达到375家。在创新成果转化方面,南京新型研发机构将创新成果申请为专利。截至2020年底,机构累计申请专利9 751项,较上年增长6 596项,增长率高达209.1%,表明新型研发机构的创新能力已逐渐爆发。从以上数据来看,南京市新型研发机构在人才聚集、企业孵化、社会服务和创新成果转化等方面均取得了一定的成绩。

综合来看,南京市新型研发机构的总体建设已初具规模,整体发展态势良好。其备案数量稳步增加,整体规模不断扩大,实现了资金投入所产生的营业收入回报。南京新型研发机构在发展的过程中,聚集了机构所需的高层次创新人才,孵化培育了高新技术企业,有效打通了科技成果转化的"最后一公里",有效促进了南京的创新发展。

④ 区域及产业分布情况

截至2020年底,南京新型研发机构总数达到409家,整体围绕"4+4+1"主导产业和未来产业发展体系,在南京市各区域形成差异化分布格局。从区域和产业布局角度对新型研发机构的分布情况进行分析可知,在南京市不同区域中,新型研发机构主要集中在江宁区、江北新区和栖霞区,共265家,约占南京市新型研发机构总数的65%。其中江宁区127家,约占南京新型研发机构总数的31%;江北新区81家,约占南京新型研发机构总数的20%;栖霞区57家,约占南京新型研发机构总数的14%。各区域新型研发机构占比如图3-3所示。

由图3-3可知,南京市新型研发机构主要集中在江宁区、江北新区和栖霞区等区域。细究其原因可以发现,从经济发展状况来看,江宁区、江北新区和栖霞区在2020年南京市各区GDP发展排名中均位于前列,其经济发展优势明显;从区位优势来看,江北新区是长江经济带与东部沿海经济带的重要交汇节点,江宁区则是国家东部地区先进制造业基地、交通物流枢纽和空港枢纽,栖霞区是国家东部地区现代科技、人才集中区,华东地区重要的先进制造业基地。以上三个区域均具有技术、人才、交通等方面的经济与区位优势,这也可以反映出区域的经济和区位优势情况是影响新型研发机构建设落地的重要考量因素之一。

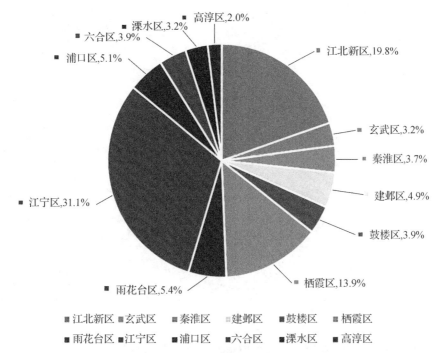

图3-3 南京新型研发机构区域占比图

南京市新型研发机构主要产业体系包含八大产业,即软件与信息服务、生物医药、新型电子信息、人工智能、节能环保、高端智能装备、新材料和现代农业(图3-4)。在南京市已备案的323家新型研发机构中,软件和信息服务、生物医药、节能环保产业中的新型研发机构数量最多,其中软件和信息服务、生物医药产业各有57家,各占比17.6%,节能环保产业有46家,占比14.2%。现代农业产业中的新型研发机构数量最少,仅有7家,占比2.2%。综合来看,南京市新型研发机构在不同产业中的分布有明显差异,在软件和信息服务、生物医药、节能环保、高端智能装备和人工智能等产业中的机构数量比现代农业和新型电子信息产业多,表明南京市新型研发机构在建设发展中对产业选择已有所侧重。

(2)南京新型研发机构发展特征

结合上述对南京市新型研发机构有关资料的梳理,我们可以发现南京市新型研发机构在融资体系及股权结构、功能定位、机构组织性质等方面呈现出以下发展特征:

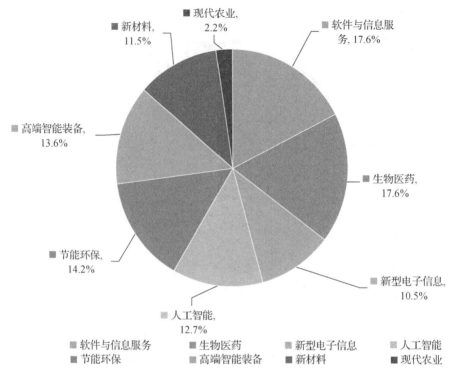

图 3-4 南京新型研发机构产业分布

在新型研发机构的功能发挥方面,南京市新型研发机构结合本地特色,发展出了特有的形式。在人才培育方面,形成了以机构高校联培等方式的育才渠道和人才集聚强磁场,通过吸引南大系、东大系等本地人才,以及剑桥、北大、清华和中科院系统等国内外高层次人才在宁转化成果,带动催生了一大批创新型企业家,并通过他们的创新创业实践为高校院所培养基础学科人才提供支撑。这种育才渠道,推动学科建设、人才培养、创新创业相互支撑、良性互动,既有利于出成果又有利于出人才,形成了集聚、配置、培育人才第一资源的新通道。在企业孵化方面,形成了新的企业孵化模式,即裂变科技型企业集群,南京市新型研发机构将自己作为科技企业孵化器,聚焦高新技术产业,利用自身链接和研发实体优势,坚持技术转化与企业培育并举,实现了从"0"到"1"再到"N"的产业化裂变。在技术研发方面,形成了新的研发路径,构建科、技、产"双回路",南京市新型研发机构通过"揭榜制"等形式,引导高校院所面向产业现实需求,突破关键核心技术,推动科技成果转化为生产力；又通过产业、技术、学科的联动实践，推动新的理论探索和研究深化，这种研发路径，通过构建从"科—技—产"到"产—技—科"的"双回路"，促进了科技与经济紧密融合，加快了理论转化为实践再丰富理论的进程。为了促进新型研发机构市场化运营，南京政府提出了新的运营方式，即实行职业经理人制度，新型研发机构以项目化、企业化形式落地，引入职业经理人并作为机构的"合伙人"，有效解决市场把握不准、运行效率不高等问题，让专业的人干专业的事。目前，全市83%的新型研发机构都聘请了职业经理人和市场管理人员。这种运营方式遵循比较优势和专业分工经济理论，通过引入职业经理人，健全现代企业管理制度，大大提高了科技创新的能力和效率。

在新型研发机构的股权结构方面，形成了新的股权架构形式，即鼓励科技人员持大股。南京市在2018年的新型研发机构备案政策文件中指出，原则上人才团队持有50%以上股份，截至2020年底，南京市新型研发机构大多采用混合所有制形式组建，由人才团队持大股，政府性基金和平台等多方参与，同时通过转让、授权、确权等方式理顺知识产权归属关系。而北京市新型研发机构则是在组建时引入社会资本，并通过注册为民办非企业单位的形式，确保非国有资金不低于三分之二。这反映出南京市新型研发机构在运行中，以人才为核心，坚持人才团队持大股的股权结构特色，这种股权结构让知识、技术等生产要素参与分配，在充分发挥科技人员积极性、主动性的同时，也为一大批有情怀的科学家提供展示才华的舞台，充分尊重和极大调动人才第一资源的创造精神。

在新型研发机构吸引资本融资方面，形成了新的融资体系，打造了综合性赋能平台。南京市新型研发机构致力于全方位集成创新功能，推动科技型中小企业与公共技术、试验设施、应用场景等有效对接，特别是引导风投、创投等各类基金参与，充分发挥金融源头活水作用，引进社会资本、搭建公共平台。这种融资体系，通过把创投基金建在新型研发机构上，充分发挥创投基金引导作用和杠杆效应，实现资金、技术、人才、场景和科技服务的系统配置，推动产业链、技术链、资金链深度对接。

在新型研发机构的组织性质方面，全国各地新型研发机构的组织性质主要包括独立法人机构、事业单位、企业、社会组织（包括民办非企业和社会团体)等,而南京市新型研发机构的组织性质主要为独立企业法人,表明南京市新型研发机构在运行管理制度、承接项目和权力行使等方面更加自由,管理约束与限制更少。

综合来看,南京市新型研发机构形成了自己的发展特征,通过资源共用、利益共享等机制凝聚各方力量,地方政府收获一批科技型企业,高校收获一批论文专利、研究成果,社会资本通过参股企业增值获得资本收益,有效地连接了政府、高校、企业,调动各方参与、共享发展成果,形成了紧密型的创新共同体和新的联结机制,促进了自身的快速发展。

3.2 我国新型研发机构存在问题分析

基于上述国内外典型新型研发机构发展及特征分析发现,随着我国新型研发机构的快速发展,出现技术的"产业贴合度"不足,产品的"市场认可度"不高,新孵化引进企业缺少稳定的赢利模式等问题,导致研发收入、孵化引进企业收入等市场化收益偏低,资金难以良性循环,自我造血功能待加强;在运行机制方面,存在所依托平台对相关资源权属界定不清、与新型研发机构及所在园区关联不强、科学家实际参与度不高、与社会资本间易产生冲突等问题,这些问题在深层次上表现为面向产业化的系统整合能力亟待提高,面向跨组织科技创新人才的体制与非体制组织间激励政策冲突。为此,以下从股权结构、高端人才集聚、成果产出与企业孵化、市场化运营等方面,进一步分析新型研发机构存在的问题,为下文质效评价及识别影响提质增效的关键制约因素奠定基础。

3.2.1 股权结构亟待调整优化

投资主体多元化是新型研发机构的一大特征,这意味着新型研发机构可以由多方共同参与持股,促进自身的发展。通过人才团队持股,突出人才和知识价值、调动创新创业积极性;通过引进社会资本参股,提高机构管理运行效率和市场开拓能力;通过引进国资平台参股,强化政府服务的主动性。但是这种模式也存在不足之处。

其一,社会资本参与度有限,导致新型研发机构建设初期资金不足。人才团队持大股是南京市新型研发机构一大特色,旨在保证核心技术人员在运营中的绝对话语权,同时也提高了他们的积极性,使他们能全身心投入到新型研发机构的运营中。平均来看,南京市新型研发机构中人才团队持股比例在56%以上,政府资本占股10%左右,社会资本所占的比例不超过40%。由于社会资本持股份额有限,没有绝对话语权,导致社会资本特别是龙头企业引进较为困难,也不愿投入更多资金到新型研发机构中。

其二,国有资金持股对新型研发机构进一步发展有一定阻碍。当新型研发机构启动上市程序时,由于国有投资平台决策流程较长,容易导致上市前的股改不顺畅;同时由于各区的国有投资平台专业性不够强,上市如何估值、如何有序退出等都没有一套专业可行的操作规范,也会对新型研发机构上市形成一定障碍。

3.2.2 高端人才集聚能力有待提高

引进高层次人才是新型研发机构进行技术创新和发展的关键。截至2020年底,南京市新型研发机构引进了许多高层次人才,但院士以及诺贝尔奖获得者所占比例仅为0.7%,且在引进的全体人才中,硕士学历以上以及具有高水平人才的创新团队比例较低。尽管目前南京市颁布并执行了一系列的人才政策,包括大学生"宁聚计划"、加强博士后工作实施办法、高层次人才举荐办法等,但综合来看,目前仍存在着以下问题:

首先,与北京、苏州、无锡、上海等地相比,南京市人才政策的竞争力有限。人才政策所涉及的住房、户籍、税收、社保等方面制定的配套制度尚不完善,尤其是人才公寓短缺以及对新型研发机构政策的宣传不足,导致新型研发机构在人才市场上缺乏竞争力。其次,由于南京市新型研发机构大部分处于发展初始阶段,一流创新型领军机构相对较少,对高层次人才的就业吸纳能力较弱,且大多数高层次人才团队多为兼职身份,特别是在跨国办公的情况下,高层次人才能够投入的时间和精力较为有限。再次,目前部分新型研发机构缺乏懂技术、懂管理且对市场行业了解的高级职业经理人,机构内部普遍重技术轻管理,阻碍了新型研发机构的市场化运营与成果转化。另外,在新型研发机构中高层次人才是带领机构向前发展的关键,但中层管理人员和技术骨干也是重要支撑,由于目前对这类人才缺乏针对性的激励政策,导致一定程度的人才流失。

3.2.3 创新成果产出与转化能力不足

新型研发机构的创新成果的产出与转化有多种形式,如论文、专利等,而新专利的被授予情况能够很好地反映机构在创新方面的表现。授权专利的类型主要分为三种:发明专利、实用新型专利和外观设计专利。其中,发明专利是指针对产品、方法或者产品、方法的改进提出的新的技术方案,是三种专利中技术水平最高的。因此可以用新型研发机构整体的专利授权率、发明专利授权率、发明专利在整体专利中的比例与南京市整体的对应专利授权情况进行对比,综合衡量机构的创新成果产出和转化能力。

近年来,南京市高度重视创新名城建设,有序推进知识产权保护和新型研发机构专项任务等工作的进展。2019 年全市全年申请专利 103 024 项,授权专利 55 004 项,专利授权率达 53.39%;申请发明专利 42 545 项,授权发明专利 12 392 项,授权发明专利占申请发明专利的 29.13%;授权发明专利占专利授权总量的 22.53%。截至 2020 年 3 月,南京市新型研发机构累计申请专利 4 828 项,累计授权专利 1 274 项,授权专利占申请专利的 26.38%;其中申请发明专利 2 703 项,授权发明专利 583 项,授权发明专利占申请发明专利的 21.59%;授权发明专利占专利授权总量的 21.57%(图 3-5)。通过与南京市整体的专利授权情况对比可知,南京市新型研发机构的专利授权率和发明专利授权率较低,发明专利占整体授权专利的比重相对较小。因此,南京市新型研发机构的创新成果产出与转化的能力还有待加强。

3.2.4 孵化引进企业质量有待提高

截至 2020 年底,南京市新型研发机构孵化引进了大量企业,但是培育的高新技术企业仅占孵化引进企业总数的 3.1%,入选培育库企业仅占引进孵化企业总数的 3.4%,相较于孵化引进的企业总数而言,比重相对较低。南京市各区域的孵化引进企业情况如图 3-6 所示。

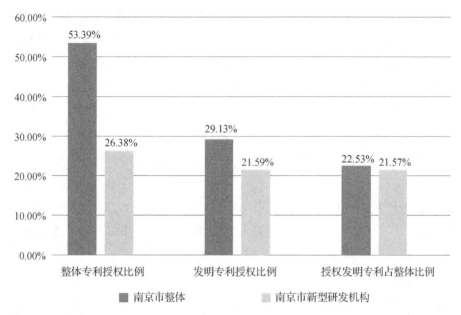

图 3-5 截至 2020 年 3 月南京市新型研发机构与 2019 年南京市整体的专利授权情况对比

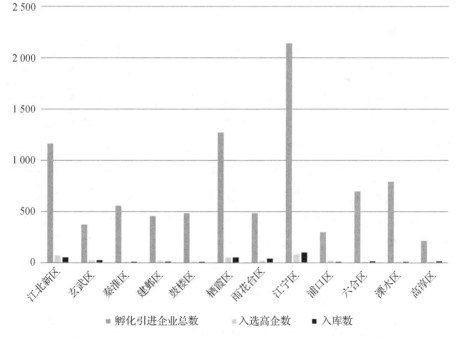

图 3-6 截至 2020 年底各区新型研发机构孵化引进企业数、入选高企数和省入库企业数

由图3-6可以看出,南京市各区积极响应政策,建设新型研发机构,促进科技成果的转化落地,其中江宁区、栖霞区和江北新区孵化引进企业数量排名前三,但相比于孵化数量,各区入选高企和省培育库的企业数量普遍较少,表明南京市新型研发机构在孵化引进高质量企业方面亟待提升。在孵化引进企业的营业收入方面,2020年南京市单位新型研发机构的营业收入为1057.0万元,而单位孵化引进企业的营业收入为82.1万元,是单位新型研发机构收入的7.8%,相对来说孵化引进企业的营业收入较为不足。

总体而言,南京市新型研发机构孵化企业数量虽多,但整体质量不高。一是新型研发机构的技术成果通过孵化企业进行产业化,要得到市场认可,还需要一个过程;二是新型研发机构孵化的产品缺少权威的应用场景支持和推广;三是新型研发机构缺少市场运营方面的管理人才。

3.3　本章小结

本章首先对国内外典型新型研发机构的发展现状进行描述总结,并以新型研发机构建设正处于由规模扩张向高质量转型的城市——南京为例,对其新型研发机构的发展现状进行了系统性分析,总结其新型研发机构的发展特征,进而在此基础之上,解析新型研发机构发展存在的问题。总体而言,新型研发机构数量显著增加,发展规模不断扩大,并围绕多重功能定位不断进行探索与发展,有效推动了各地科技水平提升与相关产业发展。然而,通过对比国内外典型新型研发机构发展现状可知,新型研发机构发展仍存在一些问题,如股权结构亟待调整优化、人才聚集力度不够、孵化企业质量较低、创新成果产出与转化能力不足、市场化运营能力不足等。本章通过分析新型研发机构发展现状及存在问题,为下文定量化评价新型研发机构质效发展奠定了基础。

第四章

新型研发机构发展质效测度及评价研究
——以南京为例

南京作为国家创新型城市代表之一,聚力推进创新名城建设,力求将南京建设成为"区域科技创新中心"和"综合性国家科学中心"。自2017年南京提出实施创新驱动发展的"121"战略和"两落地一融合"政策以来,新型研发机构成为南京创新名城建设的关键抓手,为推动南京成为高端创新驱动中心提供了有利支撑。目前南京市新型研发机构仍处于规模扩张阶段,截至2020年底,全市累计签约建设新型研发机构409家,市级备案323家。但是在数量规模的背后,发现目前新型研发机构仍存在股权机构亟待调整优化、人才集聚能力较弱、孵化引进企业质量不高、创新成果产出与转化能力较低、市场化运营能力和自我造血能力不足等问题。为响应南京对新型研发机构高质量发展的迫切需求,本章从新型研发机构的发展目标与功能定位入手,在定义南京市新型研发机构质效涵义的基础上,设计了南京市新型研发机构质效评价指标体系,并构建南京市新型研发机构质效指数模型对南京市新型研发机构发展质效进行评价,运用指标贡献率模型来识别影响南京市新型研发机构提质增效的关键指标,进而分析影响南京市新型研发机构提质增效的关键制约因素。

4.1 新型研发机构质效概念界定及评价指标体系设计

本节从南京市新型研发机构的功能定位着手,结合现有研究及南京市新型研发机构发展实际,首先对南京市新型研发机构的质效进行内涵界定,其中,投入效率反映了新型研发机构在投入特定的人才、资本、技术等资源后,在资源配置和产出成果上的能力;产出质量衡量了新型研发机构高价值的技术研发产出成果、高质量的科技孵化企业、顶尖的高端人才和高影响力的科技成果转化效益。进而从投入效率和产出质量两个维度构建南京市新型研发机构质效评价指标体系。

4.1.1 关于新型研发机构质效评价的相关研究

新型研发机构作为一类新兴的科研组织形式,由于其发展时间较短,目前在实践领域的探索远多于理论层面的探讨,聚焦新型研发机构提质增效的相关研究更是缺乏;结合新型研发机构"四不像"的组织属性、多元主体类型、多功能定位等特征,现有针对具有相似特征的机构或组织发展及其质效评价的相关研究较为丰富,因此,本研究将在现有相关研究基础上,进一步结合南京市新型研发机构的发展需求和功能定位,解析新型研发机构的投入效率与产出质量的内涵。

（1）关于新型研发机构投入效率的相关研究

在衡量科技创新型企业绩效的相关研究中,学者们运用单一指标或多指标体系对企业绩效进行测算分析。关于运用单指标评价创新绩效的相关研究中,有学者将研发投入作为创新绩效测度指标[98],有学者将专利或产品信息等产出成果作为测度指标[99-100]。通过多指标体系评价企业绩效的相关研究中,林新奇、赵国龙指出创新绩效将重点体现在创新活动产出和对企业的影响等方面,他们运用 DEA 方法,从创新投入与产出角度构建评价指标体系,分析科技板上市企业的创新绩效水平,其中,创新投入维度的评价指标包括 R&D 员工占比、R&D 强度等,创新产出维度的评价指标包括专利数量、营收增长率、人均营收水平和资产负债率等,该文进一步结合评价指标体系对科技板上市企业进行了综合效率、纯技术效率和规模效率等方面的分析[101]。姜滨滨、匡海波认为创新绩效可分解为创新效率和创新产出等方面,他们据此提出了基于"效率—产出"的企业创新绩效评价概念框架,其中创新效率由投入成本降低和产出效益提升共同实现,可用单位研发投入所形成的创新产出进行衡量从而强调资源投入的效率特征[102]。由上文可知,关于科技创新型企业绩效的评价体系涉及单指标评价和多指标评价体系两种类型;其中,单指标评价体系主要考核科技创新型企业在人、财、物等方面的投入产出水平,而多指标评价体系较多从投入、产出两个维度对科技创新型企业的创新绩效进行细化和综合考量。

在衡量企业孵化器绩效的相关研究中,学者们在设计评价指标体系时注重将创新孵化器区别于传统孵化器的特征作为考核指标。李常官、聂丽霞指出创新孵化器与传统孵化器的主要区别在于载体、创新孵化模式和提升增值服务能力等方面,在衡量运行绩效时要结合孵化器自身特点,因此,他们运用多层次灰色关联度方法,构建了以创新孵化能力、入孵企业孵化效率、创新活动能力、创新管理能力为组合的评价指标体系,研究指出资源整合能力、服务平台建设能力、咨询服务能力等是影响创新孵化器运行绩效的重要影响因素,而创新管理能力对于提升孵化能力和孵化效率具有不同程度的影响[103]。张建清等为进一步突出孵化器的服务功能,将科技企业孵化器所提供的各项服务作为投入变量,将孵化、经济、社会三种效益作为产出变量构建指标体系,并运用DEA方法评价了湖北省60家科技企业孵化器的投入效率情况[104]。蔡晓琳等发现企业孵化器运行绩效一般涉及服务能力、运营水平、孵化效率和社会贡献四个方面[105]。可见关于创新孵化器绩效的考核指标主要包括孵化服务能力、孵化效率、运营管理能力、社会效益等。

还有学者针对科研院所、产学研协同创新组织、创新战略联盟等组织的创新绩效展开研究。作为具有多主体建设特征的一大类组织对象,在衡量这类组织绩效的相关研究中,学者们会与传统的单主体、单功能的传统科研组织区分,并从多维度进行筛选指标并选取合适的方法进行评价。孙逊以江苏省属科研院所为研究对象,强化"投入"和"产出"概念,将院所目标任务、党的建设、科技事业发展、科技创新、经济效益、科技服务及对社会提供的公共产品和公益服务等作为考核的主要指标,基于公益类和转制类院所的不同性质和特点分别构建创新发展绩效评价指标体系,其中公益类院所重点考察其服务成效,转制类院所重点考察其经济效益[106]。孙善林、彭灿指出与一般的产学研合作创新相比,产学研协同创新的特点是合作层次更高、合作深度更大、合作内容更广泛,因此,在产学研协同创新绩效评价时要考虑显性绩效、隐性绩效和协同绩效,显性绩效包括产出的经济效益和科技成果两个结果绩效;隐性绩效包括人才效益、管理效益和社会效益三个潜在绩效;协同绩效包括战略协同度、知识协同度、组织协同度三个行为绩效[107]。科研团队建设对于机构发展起着重要的制约作用,夏云霞等则聚焦研究院所科研团队运用层次分析法进行科研团队绩效评价,从"目标实现、突出成果、人才培养、组织运行"四个维度进行考核[108]。国外科研机构起步比中国早,绩效评价体系也相对完善合理,参考国外的绩效评估体系具有重要意义。章熙春、柳一超对德国的科研机构科技创新能力评价的做法进行了总结,科技创新能力评价需要不同信息类型,主要包括研发资源、研发产出和研发效益等,德国科学委员会的评价专家根据这三个信息类型从数量与质量两个方面给出了科研机构评估框架体系,其他研究机构则在各自职责范围内对其下属研究所进行针对性的同行评价[109]。可见,针对建设主体多元化的科研创新组织进行绩效评价时,不仅要结合多主体协同特点,也要注重贴合组织的相关功能定位和发展目标,并从投入产出等角度进行综合考量。

综上各组织绩效评价的相关研究,本文将以新型研发机构科技创新的目标为导向,以开展技术研发、孵化科技企业、转化科技成果、集聚高端人才等功能为考核重点,从投入产出角度选择多指标综合考核新型研发机构的投入效率,从而明确新型研发机构发展现状和存在的问题。

学术界对新型研发机构绩效的评估研究仍处于探索阶段,杨博文、涂平以新型研发机构的建设发展目的为引导,从科研投入、创新产出质量、成果转化、原创价值、实际贡献、人才集聚和培养六方面,构建了北京新型研发机构的三层次评价体系[110]。周恩德、刘国新运用层次回归分析法,实证研究了新型研发机构创新绩效的影响因素,结果发现研发经费支出、政府专项补贴和税收减免与新型研发机构创新绩效显著正相关[111]。刘彤等通过调查研究,提出科研院所与新型科研机构的绩效在技术创新能力、科学管理水平、经营管理水平、高层次人才团队、交流与合作、运作模式和创新文化建设七方面存在差距[112]。此外,蒋海玲等通过分析比较德、美、日、韩四国产业技术研究院的绩效评价指标体系,从载体建设、团队发展、科技产出、创新效益、社会服务、运营模式、考核机制、创新领域和创新收入等方面构建了我国产业技术研究院的绩效评价体系[113]。王守文等基于文献回顾与分析,从环境、投入、运行、成果水平、经济效益、社会效益及产业竞争力七方面构建了产业技术研究院绩效评价指标体系,并运用层次分析法确定各指标权重[114]。高航在已有研究的基础上,基于协同创新机理从组织协作、资源整合、知识分享、成果转化和风险分担五方面提出了工业技术研究院协同创新平台评价指标体系[115]。

已有关于新型研发机构绩效评价的研究虽然做到了多指标考核,但是并没有体现新型研发机构多建设主体、多功能定位的特征,更没有聚焦到新型研发机构提质增效关键问题的探索。因此,本文将围绕新型研发机构的功能定位,从资源投入到效益产出角度出发,构建符合南京市新型研发机构发展特色的投入效率指标体系。

(2) 关于新型研发机构产出质量的相关研究

在企业创新绩效评价的相关研究中,学者们针对不同类型企业,从知识产权和新产品收入两方面构建创新产出评价指标体系以展开分析。韩兵等构建了两阶段投入产出指标体系评价高新技术企业的创新产出绩效,并在产出指标的选取上考虑了时滞效应,采用后一个时期的有效发明专利数和新产品销售收入来衡量创新产出[116,101];杨诗炜等从技术产出和经济产出两方面构建评价指标体系分析我国科创板企业创新绩效,具体测度指标包含专利数量、营收增长率、人均营收水平和资产负债率等[117];朱林、朱学义用新产品产出和自主知识产权产出[118]来衡量我国工业企业的创新产出绩效,具体指标涉及新产品出口额占销售收入比重、新产品销售收入[119]占主营业务收入比重、发明专利申请数占专利申请数比重、万名研发人员有效发明专利拥有数量等[120]。可见关于企业创新绩效的评价指标主要包括有效发明专利数、万名研发人员有效发明专利拥有数量、新产品销售收入、营收增长率、人均营收水平等。

在企业孵化器绩效评价的相关研究中,学者们通常将企业孵化器产出分解为经济效益、孵化效益和社会效益三部分内容进行细化分析[121-124]。一些学者选取孵化器总收入来评价企业孵化器的经济效益[125-126];熊莉、沈文星从不同角度构建孵化效益评价指标体系进行分析,具体测度指标包含被孵企业数量、累积毕业企业数、在孵企业年平均收入等[127];牛玉颖、肖建华选取社会就业贡献、在孵企业工作人数等指标来衡量企业孵化器的孵化效益[128];任婷婷用有效发明专利数、知识产权授权数、高新技术占比等指标来衡量企业孵化器的技术效益[129]。综上所述,学者通常从经济效益、孵化效益和社会效益三方面构建企业孵化器绩效考核指标体系进行相关分析。

在产业技术创新战略联盟绩效评价的相关研究中,学者们从科技产出质量[130]、人才培养与集聚、经济效益[131]和社会效益[132-133]四个方面构建联盟产出评价指标体系进行分析。蔡晓琳等在评价战略联盟科技产出质量时,具体测度指标包含了专利授权数量、技术标准参与数量等[105];张再生、李鑫涛用人才奖励、人才培养和人才集聚效应来衡量战略联盟的人才培育与集聚效益[134];周乐瑶等用新产品销售收入比重、新成品利润率等财务绩效指标来衡量战略联盟的经济效益[135];张再生、李鑫涛用解决行业关键、共性技术能力、社会贡献率等指标来衡量战略联盟的社会效益[134]。综上所述,关于战略联盟评价指标主要包括专利授权数量、技术标准参与数量、人才培养、人才集聚效应和新产品销售收入比重等。

在科研院所绩效评价的相关研究中,学者们从科技成果产出质量、经济效益和社会效益三方面构建评价指标体系来进行分析。李丽红等将科研院所的运营分为研发阶段和经营阶段[136],研发阶段具体测度指标包括论文被引用情况、专利及著作权在行业内所占比例及影响[114,137,138]和成果获奖情况等[115],经营阶段绩效测度指标包括主营业务收入、利润总额、新产品利润贡献率和新产品市场占有率等[96];蒋海玲等在科研院所绩效评价指标体系中,用突破关键共性技术瓶颈、技术成果有效服务企业的数量、创新成果在国内外产生的影响等指标来衡量院所的社会效益[113]。可见关于科研院所的评价指标体系中,也主要关注科技成果的产出质量、经济效益、社会效益等指标。

在实践中,各省市针对本地新型研发机构发展现状,制定了相应的绩效评价政策。在《安徽省新型研发机构认定管理与绩效评价办法》中,重点考核了创新能力与创新效益两个一级指标,并将国家级、省级创新平台数量作为加分项。其中,创新能力主要表现为研发产出水平,具体通过发明专利拥有量、牵头或参与制定省级以上标准数量以及登记科技成果数量来考量;创新效益主要表现在经济技术服务效益、创业孵化效益和社会效益三方面。河南省将新型研发机构的绩效评价指标分为产出指标和效益指标,其中产出指标主要包括有效发明专利拥有数量或制定省级以上标准数量、成果获奖情况、资产总额、研发支出等指标;效益指标包括经济效益、社会效益以及可持续影响三方面指标,具体通过承担政府科研项目经费、创办孵化企业估值、建有省级以上创新载体以及引进人才与创新团队等来考量。在《南京市新型研发机构绩效评估》表中,具体统计考量了机构基本情况、团队建设情况、研发投入情况、孵化产出情况、研发与服务绩效以及其他加分项;重点考核了职业经理人聘用情况、研究院营业收入、PCT专利和发明专利的授权量、高质量企业培育情况以及基金设立情况等。

综上所述,学者们主要从科技成果产出质量、经济运行质量和社会效益三个方面构建各相关组织绩效评价体系。其中,科技成果产出质量从知识产权和孵化企业两方面构建指标体系,具体测度指标包括国际期刊论文发表数量、发明专利授权量、PCT专利授权量、拥有国家级或省级标准数量、孵化企业数量、在孵企业年平均收入等；衡量经济运行质量的指标包括新产品销售收入比重、新产品利润贡献率、新产品市场占有率等；测度社会效益的指标包含社会就业贡献、在孵企业从业人数、技术成果有效服务企业的数量、创新成果在国内外产生的影响等。

4.1.2 新型研发机构的投入效率与产出质量概念界定

（1）投入效率概念界定

从管理学角度出发，效率是指在特定时间内，给定投入的条件下，组织的各种产出与投入之间的比率关系。基于效率的内涵，本文的投入效率是指新型研发机构投入特定的人才、资本和技术等资源在资源配置和利用后产出成果的能力，通过各种资源投入后获得的产出量与各种资源的投入量之比进行衡量。在具体分析中，以技术研发、孵化科技企业、转化科技成果和集聚高端人才等功能为切入点，结合新型研发机构主要投入的资源类型，本文将重点从高端人才投入效率、资本投入效率和技术投入效率三个维度衡量新型研发机构的投入效率。

（2）产出质量概念界定

根据南京市科技局对新型研发机构的概念界定，南京市新型研发机构的主要功能是开展技术研发、孵化科技企业、转化科技成果和集聚高端人才。现有研究和实践表明，新型研发机构的产出绩效评价主要围绕其功能展开。因此，南京市新型研发机构的产出主要包括技术研发成果的产出、科技企业的孵化、科技成果的转化以及高端人才的培养。其中，技术研发产出包括授权专利、成果获奖情况、关键共性技术、产业核心技术等；孵化的科技企业包括初创期科技企业、科技型企业、高新技术企业、创新型领军企业、科技服务企业等；科技成果转化产出包括新型研发机构营业收入、孵化引进企业营业收入、技术服务企业数量、参与或牵头制定各级标准等；培养的高端人才包括国际顶尖人才、科技领军人才和创新创业人才等。

随着南京市新型研发机构的持续推进发展，众多新型研发机构出现孵化企业质量不高、自我造血功能不足、科技成果转化认可度低等问题。为激励企业积极解决自身产出问题,南京政府将高质量的产出作为新型研发机构绩效评价的重要考核指标。因此,本文的产出质量是指具有高价值的技术研发产出成果、高质量的科技孵化企业、顶尖的高端人才和高影响力的转化科技成果。

4.1.3 新型研发机构质效评价指标体系设计

（1）关于投入效率的评价指标体系设计

本研究根据新型研发机构的功能定位,结合上述关于各类科研创新组织绩效评价的相关研究以及指标选取的基本原则,在综合考量数据的可得性与本研究目的的基础之上,构建新型研发机构投入效率评价指标体系,如表4-1所示。

表4-1 新型研发机构质效评价指标体系

一级指标	二级指标	三级指标	指标计算及来源说明
投入效率	高端人才投入效率	单位人才专利申请数（个/人）	评价期内专利申请数量/评价期内高层次人才数
		单位人才孵化引进企业数（个/人）	评价期内孵化引进企业数量/评价期内高层次人才数
		单位人才在研在孵项目数（个/人）	评价期内机构在研在孵项目数/评价期内高层次人才数
	资本投入效率	天使基金利用率（%）	已使用天使基金总额/天使基金总额
		单位项目资金投入在研在孵项目数（个/亿元）	评价期内在研在孵项目数/评价期内项目资金投入总额
		单位资本投入孵化引进企业数（家/亿元）	评价期内孵化引进企业数量/评价期内资本投入总额
	技术投入效率	单位研发投入知识成果产出数（个/亿元）	评价期内专利申请数/评价期内研发投入额
		单位研发投入研发服务平台建设数（家/亿元）	评价期内参与或建设研发服务平台数/评价期内研发投入额
		单位研发投入公共技术服务平台建设数（个/亿元）	评价期内参与或建设公共技术服务平台数/评价期内研发投入额

续表 4-1

一级指标	二级指标	三级指标	指标计算及来源说明
产出质量	技术研发产出质量	评价期内授权 PCT 专利数量(件)	文献综述、政府绩效文件《南京市新型研发机构绩效评估》
		评价期内授权发明专利数量(件)	
		累计参与公共技术服务平台建设数量(个)	2019、2021 年"1 号文"支持新型研发机构建设公共技术服务平台
	科技企业孵化质量	评价期内培育高新技术企业数量(家)	2021 年南京创新名城"1 号文"中提出要建立市级高新技术企业培育库,到 2025 年高新技术企业要突破两万家。在 2021 年"1 号文"配套细则中,对当年入选独角兽、瞪羚企业以及研发类功能型企业实行奖励,其中,瞪羚企业与研发类功能性企业采用同样的激励办法
		累计培育市级以上独角兽企业数量(家)	
		累计培育瞪羚企业、研发类功能型总部企业数量(家)	
	高端人才培育质量	累计培育顶尖人才(团队)数量(个)	南京政府提出到 2025 年集聚顶尖人才(团队)100 个、新引进高层次创新创业人才 3 000 名、培育创新型企业家 1 000 名,《"创业南京"英才计划》实施细则明确了各类人才认定条件
		累计培育高层次创新创业人才数量(名)	
		累计培育创新型企业家数量(名)	
	科技成果转化质量	累计参与建设产业基金规模(亿元)	—
		累计参与或牵头制定各级标准数量(个)	
		累计打造产业创新集群数量(个)	

其中,高端人才投入效率体现了新型研发机构集聚高端人才的功能,反映了新型研发机构成立后吸聚人才和管理人才为新型研发机构带来效益的能力。据调研,新型研发机构投入的人才资源主要包括国内外院士、诺奖获得者、图灵奖获得者、长江学者、国家人才计划等高端科技专家和科研人才团队;高端人才资源投入后更加注重人才培养和高水平成果产出,具体表现为专利申请量、孵化引进企业数、在孵在研项目数等。因此,本文通过单位

人才专利申请数、单位人才孵化引进数和单位人才在孵在研项目数来衡量高端人才投入效率。其中,作为创新产出的重要形式之一,专利常被用作衡量一国或组织机构技术创新能力的重要指标,因此本文选取专利申请数量来衡量人才资源投入后的创新产出质量,通过评价期内专利申请数量与累计高端人才引进数之比来衡量。单位人才孵化引进企业数反映的是该机构投入高端人才资源后在人才培养过程中转化科研成果的质量[110],通过评价期内孵化引进企业总数与累计高端人才引进数之比来测度。在孵在研项目是机构科技创新和人才培养的主要实施载体,能够提升机构创新力、竞争力和影响力[108],因此本文用在孵在研项目产出能力指标反映人才集聚情况以及在孵在研项目的建设给机构带来的相关效益,通过评价期内在孵在研项目数与累计高端人才引进数的比值反映人才团队的产出能力。

资本投入效率反映了新型研发机构成立后为实现机构顺利发展并逐步形成自我造血功能,在资本要素投入后充分运用各方资本进行科研活动后得到的成果产出情况。根据实际情况,新型研发机构的投资主体包括政府、社会资本和科研团队等,即资本投入资源包括财政经费、社会资本、天使基金等,资本投入后更加注重成果转化效益,因此更加关注资本的使用情况。本文选取天使基金利用率、单位项目资金投入在研在孵项目数、单位资本投入孵化引进企业数分别衡量新型研发机构的资金利用效率和成果转化效率。其中,天使基金主要由政府牵头并带动社会资本加入共同成立,以紧紧围绕支持新型研发机构建设和创新型企业培育为目标,集聚各方资本投向早期科技创业类企业,可有效解决科技企业初创阶段融资困难等问题;而产业基金主要用于新型研发机构孵化企业的发展和运营,是新型研发机构产出的一种表现形式,创投基金和风投基金两者不是新型研发机构的功能定位涉及的主要因素,因此三者不能够有效地作为衡量以新型研发机构为考核主体的投入效率的指标。因此本文选取天使基金利用率能够充分反映天使基金成立后用于支持机构技术创新的成效,通过评价期内已使用天使基金总额与评价期内的天使基金总额之比来衡量。单位项目资金投入在研在孵项目数是从整体层面考察新型研发机构的成果转化效率,通过评价期内的在研在孵项目数量与评价期内项目资金投入额之比衡量。单位资本投入孵化引进企业数反映的是新型研发机构利用资本投入运营后孵化引进企业的能力,用评价期内孵化引进企业数量与评价期内资本投入额之比进行衡量。

技术投入效率反映了新型研发机构成立后为实现技术研发、孵化科技企业和转化科技成果的功能,在投入技术资源要素后得到的成果产出情况。据调研,新型研发机构投入的技术资源主要包括引进科研人才团队附带的技术资源、专利、论文等知识产权成果、产业关键核心技术等;技术投入后十分注重成果转化,具体表现为知识成果产出、承担横纵科研项目、孵化高新企业、建立研发服务平台、建立公共技术服务平台等。因此,本文通过单位研发投入知识成果产出数、单位研发投入研发服务平台建设数和单位研发投入公共技术服务平台建设数来衡量技术投入效率。其中,单位研发投入知识成果产出数主要体现在一定技术研发投入后的自主知识成果的产出能力,利用评价期内专利申请数量与评价期内研发投入之比进行测度。研发服务平台建设情况反映机构的自我研发能力,公共技术服务平台建设情况反映机构解决行业共性技术难题、拉动社会效益的能力。因此,本文选取单位研发投入研发服务平台建设数,即评价期内参与或建设研发平台数与评价期内研发投入额来衡量机构的自我研发水平;单位研发投入公共技术服务平台建设数,即评价期内参与或建设公共技术服务平台数与评价期内研发投入额来衡量机构带来社会效益的能力。

(2) 关于产出质量评价指标体系的设计

本研究从新型研发机构的功能定位出发,结合南京政府最新实践要求和各类科研创新组织绩效评价的相关研究,在综合考虑指标选取原则和数据可得性的基础上,构建了南京市新型研发机构产出质量评价指标体系,具体如表4-1所示。

技术研发产出质量反映了南京市新型研发机构围绕本市主导产业和未来产业开展行业共性关键技术研发、提供公共技术服务的产出情况。专利是技术研发产出的重要形式,众多学者选取PCT专利授权数、发明专利授权数来衡量技术研发产出[129-130];南京创新名城"1号文"鼓励新型研发机构参与公共技术服务平台建设。综上所述,该指标主要通过评价期内授权PCT专利数量、评价期内授权发明专利数和累计参与公共技术服务平台建设数量来衡量。其中,评价期内授权PCT专利数量反映了自新型研发机构成立以来,面向国际市场的技术竞争力发展情况;评价期内授权发明专利数量体现了在评价周期内新型研发机构技术成果产出质量；累计参与公共技术服务平台建设数量反映了新型研发机构解决行业关键技术的研发能力。

科技企业孵化质量反映了新型研发机构孵化培育科技企业的能力，是南京政府考核新型研发机构绩效的重要指标之一。2021年南京创新名城"1号文"中提出要建立市级高新技术企业培育库，到2025年高新技术企业要突破两万家；并对在南京市注册成立，当年入选独角兽、瞪羚企业以及新认定的市级研发类功能型总部企业，连续三年按其当年新增地区经济贡献超过全市平均增幅部分的50%给予奖励。因此，选取孵化培育高新技术企业数量、累计孵化培育独角兽企业数量、累计孵化培育瞪羚企业数量以及研发类功能型总部企业数量来衡量新型研发机构孵化科技企业的质量。其中，独角兽企业指自成立起十年内获得过私募投资，且最新一轮市场融资估值超过10亿美元的企业；瞪羚企业指起始年收入不低于500万人民币，且连续3年增长率不低于50%，商业模式得到市场认可的创新型企业；高新技术企业、研发类功能型总部企业指符合南京市认定标准且被认定的企业。

高端人才培育质量反映了新型研发机构培育高端人才的能力，这种集聚能力对新型研发机构自身发展、南京创新名城建设具有积极推动作用。结合《"创业南京"英才计划》实施细则，该指标主要通过累计培育顶尖人才（团队）数量、累计培育高层次创新创业人才数量和累计培育创新型企业家数量来衡量。其中，顶尖人才（团队）指具有国际视野和战略眼光，研究成果在国际上有重要影响，能快速抢占产业制高点的顶尖人才（团队）；高层次创新创业人才指符合南京"4+4+1"主导产业发展和产业转型升级方向，带团队、带技术、带项目在宁创办企业的行业领军人才；创新型企业家指既通科技又懂市场，在相关领域开创技术新路径、商业新模式、产业新质态，对南京实施创新驱动发展和经济转型升级起到引领示范作用的企业家。

科技成果转化质量反映了新型研发机构科技成果转化能力，表现为新型研发机构产生的经济效益和社会效益[131-133]，主要测度指标包括评价期内累计参与建设产业基金规模、累计参与或牵头制定各级标准数量和累计打造产业创新集群数量来衡量。其中，评价期内机构营业收入利润率反映了新型研发机构自我造血能力，通过营业净利润与营业成本之比来衡量；累计参与或牵头制定各级标准数量体现了该新型研发机构的行业地位和科技成果转化的认可度;累计打造产业创新集群数量反映了新型研发机构响应政府号召,利用科技成果转化效益,吸聚社会资本,带动产业链发展的情况。

具体测度指标及相关计算方式等内容见表4-1。

4.2 新型研发机构质效评价指数模型构建

基于上述南京市新型研发机构评价指标体系,本节在针对指标体系进行相关性和一致性检验的基础上,构建了南京市新型研发机构质效评价指数模型,以综合评价南京市新型研发机构质效的发展现状;继而,为进一步探索各项指标如何作用于南京市新型研发机构质效发展指数,构建了指标贡献率测算模型,以此剖析南京市新型研发机构质效发展的优势与不足之处。

4.2.1 评价指标筛选

南京市新型研发机构的质效发展水平是通过评价指标进行度量的,为了使度量可以更加准确、客观、全面,在选择评价指标时要遵守以下几项基本原则:系统性原则、有效性原则、可操作性原则。系统性原则是指所建立的评价指标体系能够涵盖所要反映的南京市新型研发机构质效发展的基本特征和整体状态;有效性原则是指所建立的评价指标体系要符合进行评价对象的结构与状况,能合理地反映南京市新型研发机构质效发展的结构特征;可操作性原则指评价指标体系的设计在遵循系统性原则的基础上,要保证数据资料的可获得性和可量化性,并且评价指标应尽可能简化,不宜过多。结合数据可获得性、可操作性等多方面考量,本节将根据现有理论和研究结论分析,结合相关数据来源,对前述指标进行筛选与调整,具体筛选步骤及内容如下:

(1)指标相关性分析

指标体系设计之初为避免遗漏关键因素而往往将尽可能多的指标纳入指标体系之中,因此为避免指标体系出现信息冗余、指标重叠等问题,首先运用相关性分析来进行分析与筛选。相关性分析是研究两个及以上变量之间相关程度的统计分析方法,可通过相关性分析进一步剔除部分与其他指标相关性较高的评价指标,以克服信息冗余问题。本研究将采用相关系数法来判断各指标之间是否存在某种依存关系,以及若存在,则此种依存关系在相关方向和相关程度方面具有怎样的表现。指标 X_i 与指标 X_j 的相关系数由 R_{ij} 表示,其中 R_{ij} 的计算公式如下式所示:

$$R_{ij} = \frac{\text{cov}(X_i, X_j)}{\sqrt{\text{var}(X_i)\text{var}(X_j)}} \qquad (4-1)$$

通常,根据需求设定相关系数的临界值 $T(0<T<1)$,当 $|R_{ij}|>T$ 时剔除相对次要的指标,否则便同时保留该两个指标。

(2) 指标判别能力分析

指标判别能力分析是指通过计算指标的内部一致性系数来判断不同评价对象是否具备某一方面特征的能力。本研究通过指标判别能力分析考察指标对南京市新型研发机构质效评价指数的贡献程度,若指标无法对南京市新型研发机构质效发展的某一方面特征进行有效区分,则该指标对评价结果的贡献较小,即可以判定该指标的判别能力较差,应该从评价体系中将其剔除。其中,指标的内部一致性系数计算公式如下:

$$V_i = \frac{\vec{x}}{S_i} \qquad (4-2)$$

式中,$\vec{x}$ 表示不同评价对象指标 X_i 的平均值,S_i 是 X_i 的标准差,若 V_i 的值越大,则说明该指标反映的一致性越好,即该指标的判别能力越差;相反,若 V_i 的值越小,则该指标的判别能力越好。

通过指标相关性和指标判别能力分析,得出最终的南京市新型研发机构质效评价指标体系,如表 4-2 所示。

表 4-2 南京市新型研发机构质效发展评价指标体系

一级指标	二级指标	三级指标
投入效率	高端人才投入效率	A1:单位人才专利申请数
		A2:单位人才孵化引进企业数
		A3:单位人才在孵在研项目数
	资本投入效率	A4:天使基金利用率
		A5:单位项目资金投入在孵在研项目数
		A6:单位资本投入孵化引进企业数

续表 4-2

一级指标	二级指标	三级指标
投入效率	技术投入效率	A7:单位研发投入知识成果产出数
		A8:单位研发投入研发服务平台建设数
		A9:单位研发投入公共技术服务平台建设数
产出质量	技术研发产出质量	B1:累计授权 PCT 专利数量
		B2:累计授权发明专利数量
		B3:累计参与建设公共技术服务平台数量
	科技企业孵化质量	B4:累计培育科技型中小企业数量
		B5:累计培育高新技术企业数量
	高端人才培育质量	B6:累计培育顶尖人才(团队)数量
		B7:累计培育高层次创新创业人才数量
		B8:累计培育创新型企业家数量
	科技成果转化质量	B9:累计参与建设产业基金规模
		B10:累计参与或牵头制定各级标准数量
		B11:归属于产业创新集群机构数量

4.2.2 新型研发机构质效指数测算模型

指数是反映不能直接对比的事物或系统综合变动的相对数值,由于所反映的事物或系统不便直接对比,可通过各种计算方法将事物内部要素进行汇总整合、对比以反映综合状况。因此,指数评价被广泛应用于社会、经济领域,并具有简洁性、相对性、时效性和综合性等特征。新型研发机构的投入效率和产出质量受多种因素影响,为将新型研发机构质效发展的多维影响因素分别纳入统一框架进行综合考察,本研究通过构建投入效率指数模型和产出质量指数模型,对新型研发机构质效发展展开评价。

前文关于南京市新型研发机构指标体系的构建分析表明南京市新型研发机构投入效率的测算可从高端人才投入、资本投入、技术投入等维度展开,而新型研发机构产出质量的测算则从技术研发产出、科技企业孵化、高端人才培育、科技成果转化等维度展开。由于不同维度对新型研发机构投入效率和产出质量发展的作用具有差异性,为区分各维度特征,可根据不同维度对新型研发机构质效发展的作用大小赋予差异化权重,以此衡量各个维度下新型研发机构质效发展水平。基于此,本研究将根据新型研发机构质效发展相关指标的相对重要性赋予相应权重,进行加权求和从而得到如下式(4-3)所示的新型研发机构投入效率指数和产出质量指数。

$$SCORE_j^\varphi = \sum_{i=1}^n W_i Y_{ij} \quad (4-3)$$

式中,$\varphi \in \{e, q\}$,$SCORE_j^e$ 代表第 j 年新型研发机构投入效率指数得分,$SCORE_j^q$ 代表第 j 个领域新型研发机构产出质量指数得分,指数得分越高代表其整体发展越好。W_i 代表投入效率指数或产出质量指数各个维度的各项指标权重,Y_{ij} 表示 j 年各项指标的标准化后的取值。

在此基础上,需要根据新型研发机构投入效率指数和产出质量指数各维度指标的相对重要性分别赋予不同的权重。目前指标权重的确定已有成熟的理论和方法,主要分为主观赋权法和客观赋权法两类,前者包含德尔菲法、直接评分法等,后者包含主成分分析法、熵值法等。其中,熵值法是通过各指标信息的变异程度,运用信息熵计算出各指标的熵权,然后利用各指标的熵权对其权重进行修正,保证指标权重的数值能真正反映出与现实相符的情况。通过熵值法对无量纲化后的数据进行赋权处理,其具体操作如下:

首先,对各样本的标准化值 Y_{ij} 做比重变换,n 表示样本总数:

$$p_{ij} = \frac{Y_{ij}}{\sum_{j=1}^n Y_{ij}} \quad (4-4)$$

其次,计算指标 i 信息熵 E_i:

$$E_i = -\ln(n)^{-1} \sum_{j=1}^n p_{ij} \ln p_{ij} \quad (4-5)$$

最后,计算指标 i 权重 W_i,其中 m 表示指标总数:

$$W_i = \frac{1 - E_i}{\sum_{i=1}^m (1 - E_i)} \quad (4-6)$$

4.2.3 新型研发机构质效评价指标贡献率测算模型

通过对南京市新型研发机构质效评价指数的测算,可以得出不同年度南京市新型研发机构投入效率水平、不同领域南京市新型研发机构产出质量水平和成立时间不同的南京市新型研发机构产出质量水平。但是,在基于不同角度对南京市新型研发机构质效整体发展水平进行指数测算后,本研究更关注各维度指标是如何影响南京市新型研发机构质效评价指数表现的,以及影响方向和影响程度如何。为了定量测量各维度指标对南京市新型研发机构质效评价指数的影响情况,本研究引入指标贡献率的概念,即各维度指标对新型研发机构质效评价指数的贡献程度。本研究借鉴前景理论中的参照依赖与损失规避假设,通过将某一年份或某一领域的南京市新型研发机构评价指标设定为参考点,分别构造反映投入效率与产出质量指标重要程度的权重函数和反映指标数据值相对大小的价值函数。以构建南京市新型研发机构投入效率前景价值函数为例,具体算法如下:

假设指标数据矩阵 $A=(a_{ij})_{m\times n}$,其中 m 为南京市新型研发机构投入效率指标体系中的指标数量,n 为年份跨度,a_{ij} 表示第 j 年度的第 i 项指标值。第 i 项指标在第 j 年的前景价值函数用 $\delta_j(A_i)$ 表示,即指标序列 A_i 相对于指标序列 $A_k(k=1,2,\cdots,m)$ 在第 j 年度下的前景价值函数之和,表示指标 A_i 的权重函数与价值函数的非线性整合,其计算公式为 $\delta_j(A_i)=\sum_{k=1}^{m}\varphi_j(A_i,A_k)$,其中,若 $\delta_j(A_i)>0$,表示第 i 项指标对第 j 年度的南京市新型研发机构投入效率具有正贡献率;若 $\delta_j(A_i)<0$,表示第 i 项指标对第 j 年度的南京市新型研发机构投入效率具有负贡献率。其中

$$\varphi_j(A_i,A_k)=\begin{cases}(a_{ij}-a_{kj})^\alpha\left(\omega_{ir}\Big/\sum_{i=1}^{n}\omega_{ir}\right)^\lambda, & a_{ij}-a_{kj}>0,\\ 0, & a_{ij}-a_{kj}=0,\\ -\frac{1}{\theta}(a_{kj}-a_{ij})^\beta\left(\omega_{ir}\Big/\sum_{i=1}^{n}\omega_{ir}\right)^\lambda, & 2a_{ij}-a_{kj}<0\end{cases} \quad (4-7)$$

$$\omega_{ir}=\omega_i/\max\{\omega_i|i=1,2,\cdots,n\},i=1,2,\cdots,n$$

ω_i 表示新型研发机构指标体系中第 i 项指标的权重值,本节采用熵值法测算的权重值进行计算。显然,影响相对价值 $\varphi_j(A_i,A_k)$ 的因素包括与参考点指标值之差和指标的相对权重值,体现了前景理论中的参照依赖与损失规避假设。参数 θ 表示新型研发机构投入效率指数在面对指标数值变化时的指数变化程度,通常,θ 越小表示指标值的大小对南京市新型研发机构投入效率指数的负向影响越大。

基于指标体系中第 i 项指标的前景价值函数,计算第 i 项指标对第 j 年度的新型研发机构投入效率指数的相对贡献率,其计算公式如下:

$$\gamma_j(A_i) = \frac{\delta_j(A_i)}{\sum_{j=1}^{n}\delta_j(A_i)} \qquad (4-8)$$

若 $\gamma_j(A_i)>0$,则表明南京市新型研发机构指标体系中的第 i 项指标在第 j 年度具有正贡献率;若 $\gamma_j(A_i)<0$,则表明南京市新型研发机构指标体系中的第 i 项指标在第 j 年度具有负贡献率。同时,若 $|\gamma_j(A_i)|$ 越大,表明第 i 项指标对于第 j 年度的南京市新型研发机构投入效率指数影响越显著。

4.3 新型研发机构提质增效实证分析

基于上文中的新型研发机构评价指标体系与质效评价指数模型,本节将重点针对南京市新型研发机构质效发展状况进行测算与评价。继而通过测算各维度指标对南京市新型研发机构质效评价指数的贡献率,来识别影响南京市新型研发机构提质增效的关键指标,进而分析影响南京市新型研发机构提质增效的制约因素。

4.3.1 数据获取与处理方法

(1) 数据获取

鉴于南京市新型研发机构的发展时间较短,本研究选取 2018—2020 年作为南京市新型研发机构指标体系数据统计口径。面对南京市新型研发机构数量的不断增加,政府逐步提出促进新型研发机构高质量发展的目标。由于官方数据整合发布的延迟性,本研究未能获得完整的三年产出质量指标数据,因此针对投入效率指标,数据来源主要有南京市科技局、南京市相关报道等权威渠道;针对产出质量指标,数据主要来自南京市科技局成果转化中心"促进南京市新型研发机构提质增效关键问题研究调查问卷"(见附录 A),本研究通过发放 409 份问卷,并回收 141 份有效问卷,作为南京市新型研发机构产出质量评价的主要数据来源。

(2) 处理方法

由于投入效率的三级指标数据来源、统计口径不同,因此需要识别并处理异常数据。本研究采用中位数绝对偏差(Median Absolute Deviation,MAD)法识别异常值,MAD 是对单变量数值型数据的样本偏差的一种鲁棒性测量,主要识别指标数据值相差较大的情况。由于产出质量的三级指标数据来源于问卷调查,首先,根据问卷填写时长、数据缺失、异常值等情况识别并剔除无效问卷;然后,整理汇总相关指标数据。本研究分别从领域和发展时间两个角度出发,测算了新型研发机构产出质量指数。

在测算新型研发机构投入效率指数与产出质量指数前,由于其各项指标量纲不一致,为进行统一测算分析,需对各项指标数据进行无量纲化处理。常用的线性无量纲化方法有标准化处理法、极值处理法、线性比例法、Normalization 法、向量规范化、功效系数法等。鉴于新型研发机构成立时间较短,导致所获相关年份数据较少,因而采用 Normalization 法对原始数据进行无量纲化处理,具体公式如下:

$$Y_{ij} = \frac{X_{ij}}{\sqrt{X_{ij}^2}} \tag{4-9}$$

式中,X_{ij} 表示南京市新型研发机构在第 j 年第 i 项指标的真实取值,Y_{ij} 为标准化后的数值。

4.3.2 新型研发机构质效评价

在对南京市新型研发机构指标数据值进行异常值替换和无量纲化处理后,根据上节式 4-1～4-5 的评价指数模型分别对 2018—2020 年南京市新型研发机构投入效率、不同领域的南京市新型研发机构产出质量、处于不同发展阶段的南京市新型研发机构产出质量进行指数测算。总的来说,南京市新型研发机构投入效率指数整体呈上升趋势,不同领域的南京市新型研发机构产出质量表现差异较大,处于不同发展阶段的南京市新型研发机构的产出质量有所偏重。

(1) 南京市新型研发机构投入效率指数分析

基于新型研发机构指数模型,测算得出 2018—2020 年南京市新型研发机构投入效率指数,以及高端人才、资本和技术投入效率子指数,结果如图 4-1 所示。

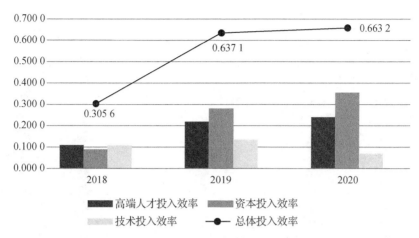

图 4-1　2018—2020 年南京市新型研发机构投入效率指数变化趋势图

由图 4-1 可知,2018—2020 年南京市新型研发机构投入效率指数分别为 0.305 6、0.637 1、0.663 2,总体呈上升趋势,尤其是 2019 年的投入效率指数增长率超过 100%。在各维度投入效率指数表现中,高端人才投入效率指数与资本投入效率指数均呈现上升趋势,说明南京市吸聚和利用高端人才和资本的效率逐步提高。而技术投入效率指数从 2018 年的 0.106 5 小幅上升到 2019 年的 0.135 4 后,于 2020 年下降到 0.068 9。这是由于技术投入效率指标是通过各类研发成果数量与研发投入之比来衡量的,因而 2020 年技术投入效率指数的大幅下降可能是由两方面的原因造成,一是 2020 年南京加大新型研发机构的研发投入,投入金额达到 2019 年研发投入金额的两倍,二是研发成果的产出是一个持续性的过程,并存在较长的产出周期,致使 2020 年技术投入效率偏低。

(2) 南京市新型研发机构产出质量指数分析

基于南京市新型研发机构产出质量指数模型,测算不同领域新型研发机构产出质量指数,其结果如图 4-2 所示。

南京各领域新型研发机构产出质量水平存在一定的差距。其中,集成电路和新医药与生命健康领域的新型研发机构产出质量指数为 0.440 0 和 0.433 2,分别位列第一、二位,而软件和信息服务与人工智能领域的新型研发机构产出质量指数分别为 0.239 8、0.273 2,有待进一步提升。集成电路领域的新型研发机构产出质量成果显著,表明南京近年来为全力打造集成

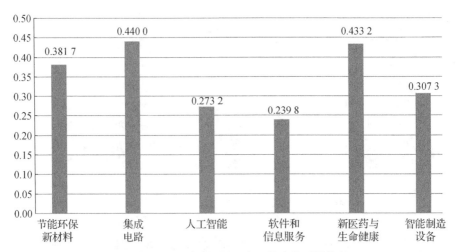

图 4-2 不同领域新型研发机构产出质量指数

电路地标性产业高地而且在规模效益、企业培育和产业布局等方面取得了明显的成效。新医药与生命健康领域的新型研发机构产出质量水平亦较高,表明南京通过抢抓"健康中国"国家战略机遇、健康需求机遇和技术变革机遇,在不断提升产业的竞争力和推动生物医药产业链有序发展方面取得了优秀成果。

处于不同发展阶段的南京市新型研发机构在产出质量方面存在差异,如图 4-3 所示,2017、2018 年成立的新型研发机构产出质量指数分别为 0.559 0、0.605 3,明显高于 2019、2020 年成立的新型研发机构产出质量指数 0.208 9、0.224 8。截至目前,发展三年的新型研发机构在产出质量方面的总体表现最优,可能是因为此批新型研发机构吸取第一年成立机构的经验教训,并把握机遇、利用资源,从而逐渐探索到一条合适的发展道路;也有可能是由于创新产出相对于投入具有一定的滞后性,因而,新型研发机构发展时间越长,集聚的创新资源越丰富,从而整体产出质量较好。而近两年新成立机构在产出质量方面表现欠佳的原因,很可能是因为机构成立时间过短,还处于前期投入、摸索阶段。基于此,亦可从侧面反映出新型研发机构发展需要经历一定的建设周期,之后方可找寻到合适的发展道路,实现产出质量的稳步提升。

图 4-4 展示了南京不同产业领域新型研发机构产出质量各子维度的质量水平,可看出除人工智能外各领域均在科技成果转化方面有着较好的产出

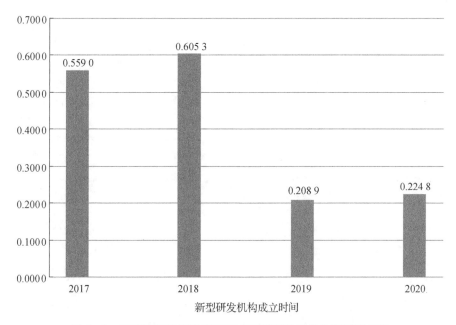

图4-3 处于不同发展阶段南京市新型研发机构产出质量指数

质量,尤其是新医药与生命健康领域,其科技成果转化质量指数达0.2919,表明各领域普遍重视科技成果转化。但是在高端人才培育方面,除了集成电路领域的新型研发机构产出质量达到0.1152外,其他领域机构产出质量指数均低于0.0500,因而人才培育发展有待进一步改进提升。另外在科技研发产出和科技孵化企业方面,各领域的机构均表现不佳,反映出整体的南京市新型研发机构在这两方面存在很多欠缺之处,后续需政府和机构对此投入更多的精力以获得改善。细观不同产业领域在各子维度的产出水平,可知新医药与生命健康领域机构在科技成果转化方面的产出质量表现最佳,而在其余三个方面则表现欠佳,可能与该产业发展多依赖基础研究而导致生命周期长且需要前期大量的投入积累相关。集成电路作为南京重点布局的产业之一,该领域的新型研发机构各方面产出质量相对较为均衡,其在科技成果转化方面位列各领域第二,在高端人才培育和科技孵化企业方面位列各领域第一,但是在技术研发产出方面则相对较差。节能环保新材料领域的新型研发机构整体产出质量较高,并且在各细分维度的产出质量相对于其他产业领域均排名较为靠前,表明该领域的南京市新型研发机构在积极探索新材料领域方面取得了一定的成果。

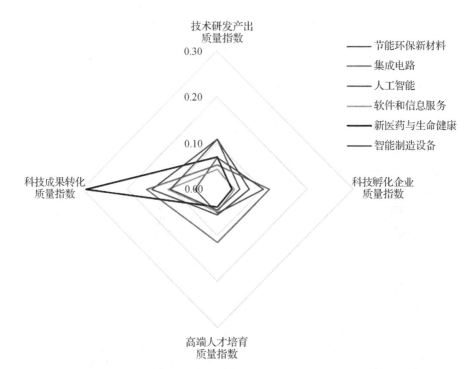

图 4-4　南京各领域新型研发机构产出质量各维度雷达图

不同发展阶段的南京市新型研发机构在产出质量上往往也存在很大的差异，图 4-5 则展示了 2017—2020 年成立的机构经过一段时期的发展分别在各维度的产出质量水平。从图中可以看出，2017—2018 年成立的新型研发机构，在经过两到三年的发展后，其整体产出质量水平较高，并且在高端人才培养、科技成果转化和科技企业孵化方面均取得良好成效。而在 2019—2020 年成立的新型研发机构其整体产出质量水平低，很可能是由于发展年限过短导致其各方面的产出质量均未能展现出来。值得注意的是，2020 年成立的新型研发机构已在技术研发产出方面做出了突出表现，取得了突出成果。而发展两到三年的新型研发机构在自身发展到一定水平后，会更加倾向于行业以及社会效益。

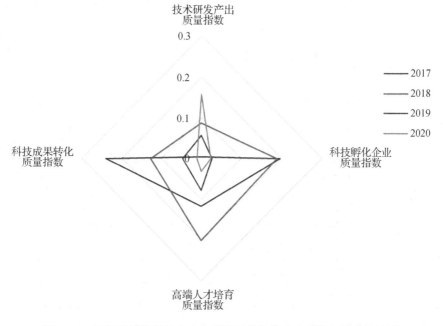

图 4-5　不同发展阶段的南京市新型研发机构产出质量各维度雷达图

4.3.3　新型研发机构提质增效关键指标及制约因素分析

在对南京市新型研发机构总体投入效率与产出质量进行综合评价分析的基础上,结合指标贡献率模型识别南京市新型研发机构提质增效的关键指标及其关键制约因素。本节基于前景价值函数的指标贡献率测算模型,分别计算各个年份南京市新型研发机构投入效率、各个领域南京市新型研发机构产出质量和不同发展阶段的南京市新型研发机构产出质量中每个指标对整体质效评价指数的贡献率。

其中,表 4-3 展示了 2018—2020 年南京市新型研发机构投入效率指标的贡献率。由表 4-3 可知,南京市新型研发机构在单位人才孵化引进企业数、单位项目资金投入在孵在研项目数、单位资本投入孵化引进企业数上平均指标贡献率为 $-0.006\ 1$、$-0.028\ 9$、$-0.016\ 4$,表明南京市新型研发机构在孵化科技成果方面处于相对劣势地位,需要加大成果转化力度。在三年的正贡献率指标中,单位研发投入研发服务平台建设数和单位研发投入公共技术服务平台建设数的平均指标贡献率为 0.322 6 和 0.468 0,始终保持较高的指标贡献率,表明南京市科学谋划产业发展战略目标,努力攻克公共技术、搭建服务平台。

表4-3 南京市新型研发机构投入效率指标贡献率

指标	2018	2019	2020
单位人才专利申请数	0.044 6	0.139 3	0.207 9
单位人才孵化引进企业数	−0.028 8	−0.026 0	0.036 5
单位人才在孵在研项目数	0.023 6	0.021 2	0.029 8
天使基金利用率	0.274 1	0.246 9	0.346 5
单位项目资金投入在孵在研项目数	−0.136 1	−0.122 6	0.172 1
单位资本投入孵化引进企业数	−0.077 2	−0.069 6	0.097 7
单位研发投入知识成果产出数	0.160 1	0.144 2	0.202 4
单位研发投入研发服务平台建设数	0.296 3	0.266 9	0.374 5
单位研发投入公共技术服务平台建设数	0.443 5	0.399 6	0.560 8

表4-4表示不同领域南京市新型研发机构产出质量指标贡献率。由表4-4可知,不同领域的南京市新型研发机构累计参与建设产业基金规模指标的平均指标贡献率为−0.407 8,表明南京政府引导产业基金建立、吸聚社会资本的力度有待加强;同时,政府应注重不同领域新型研发机构的发展制约因素,制定有针对性的政策措施,如:大力推进节能环保新材料领域的新型研发机构建设产业创新集群,促进集成电路、软件和信息服务领域新型研发机构开展国际技术研发,推动人工智能领域新型研发机构培养顶尖人才,引领新医药与生命健康、智能制造设备领域新型研发机构建设公共技术服务平台。

表4-4 不同领域南京市新型研发机构产出质量指标贡献率

指标	节能环保新材料	集成电路	人工智能	软件和信息服务	新医药与生命健康	智能制造设备
累计授权PCT专利数量	1.065 4	−0.747 9	0.009 9	−0.251 3	0.350 7	1.106 7
累计授权发明专利数量	0.262 6	0.106 6	0.044 4	−0.046 9	−0.142 1	0.281 4
累计参与建设公共技术服务平台数量	0.107 7	−0.621 2	0.210 2	0.369 1	−0.253 5	−0.326 8

续表 4-4

指标	节能环保新材料	集成电路	人工智能	软件和信息服务	新医药与生命健康	智能制造设备
累计培育科技型中小企业数量	0.073 9	0.599 3	0.288 3	−0.123 3	0.270 0	−0.323 7
累计培育高新技术企业数量	−0.037 0	0.600 0	0.284 0	−0.066 1	0.498 7	0.055 5
累计培育顶尖人才(团队)数量	0.361 4	−0.191 4	−0.026 1	0.653 3	0.132 4	0.488 7
累计培育高层次创新创业人才数量	0.796 6	−0.114 3	0.257 0	0.097 0	0.179 7	−0.020 0
累计培育创新型企业家数量	−0.520 3	1.233 5	0.004 8	0.097 7	0.356 3	−0.221 4
累计参与建设产业基金规模	−0.366 1	−0.935 6	−0.265 2	0.176 3	−0.666 3	−0.389 6
累计参与或牵头制定各级标准数量	−0.013 0	1.085 8	0.012 8	−0.389 5	0.319 8	0.097 1
归属于产业创新集群机构数量	−0.731 1	−0.014 8	0.179 9	0.483 7	−0.045 7	0.252 1

表 4-5 展示了处于不同发展阶段的南京市新型研发机构产出质量指标贡献率,由表 4-5 可以看出,2017 年成立的新型研发机构累计参与建设产业基金规模指标贡献率为 0.633 1,表明成立较早的新型研发机构在产业基金建设上已初有成效,但 2017—2020 年成立的新型研发机构累计参与产业基金规模的贡献率分别为 −0.665 7、−0.069 2、−0.286 7,表明产业基金依然是影响新型研发机构发展的制约因素。对于成立较早的新型研发机构,除了继续推动科技企业孵化外,也应该加大研发力度。而对于近期成立的新型研发机构,在关注自身研发能力的基础上,要建立完备的成果转化机制,加大科技企业孵化力度。

表 4-5 不同发展阶段南京市新型研发机构产出质量指标贡献率

指标	2017	2018	2019	2020
累计授权 PCT 专利数量	1.036 3	−0.546 0	0.066 4	0.792 9
累计授权发明专利数量	−0.294 8	−0.385 1	0.266 7	0.442 9

续表 4-5

指标	2017	2018	2019	2020
累计参与建设公共技术服务平台数量	−0.369 1	−0.173 7	0.229 2	0.453 9
累计培育科技型中小企业数量	0.135 8	0.402 6	−0.007 6	−0.027 0
累计培育高新技术企业数量	0.331 0	0.230 3	−0.129 3	−0.227 5
累计培育顶尖人才(团队)数量	−0.107 2	0.336 6	0.247 4	−0.146 0
累计培育高层次创新创业人才数量	−0.323 3	0.967 3	0.018 7	−0.097 8
累计培育创新型企业家数量	−0.018 6	0.616 8	0.053 7	−0.132 6
累计参与建设产业基金规模	0.633 1	−0.665 7	−0.069 2	−0.286 7
累计参与或牵头制定各级标准数量	0.015 2	0.308 2	0.152 5	−0.003 7
归属于产业创新集群机构数量	0.034 0	−0.090 7	0.171 5	0.231 7

总体而言，针对资本投入及产出而言，在投入效率方面，2018—2020年南京市新型研发机构单位项目资金投入在孵在研项目指标贡献率分别为−0.136 1、−0.122 6、0.172 1，单位资本投入孵化引进企业指标贡献率分别为−0.077 2、−0.069 6、0.097 7；在产出质量方面，分布于各领域新型研发机构以及成立于2017—2020年新型研发机构的产业基金建设规模这一指标的平均指标贡献率分别为−0.407 8、−0.097 1。由此可知，现阶段南京市新型研发机构的资本投入与产出制约了投入效率与产出质量的增长。

针对高端人才集聚与培育而言，在投入效率方面，2018—2020年南京市新型研发机构单位人才孵化引进企业的指标贡献率分别为−0.028 8、−0.026 0、0.036 5，整体贡献率偏低；在产出质量方面，分布于节能环保新材料、智能制造设备、人工智能等领域新型研发机构在累计培育创新型企业家、累计培育高层次创新创业人才、累计培育顶尖人才(团队)等方面的指标贡献率为负数；且2017年及2020年成立新型研发机构的高端人才培育质量指标贡献率为−0.449 1、−0.376 4。由此可知，南京市新型研发机构高端人才集聚与培育制约其投入效率产出质量的有效提升。

针对成果产出转化与企业孵化而言，在技术成果转出方面，虽然分布于节能环保新材料领域及智能制造装备领域的授权PCT专利与发明专利等方面的指标贡献率较高，但分布于集成电路、软件和信息服务领域、新医药与生命健康等领域新型研发机构的相关指标贡献率整体偏低。在企业孵化方面，分布于软件和信息服务、智能制造设备领域的新型研发机构科技企业孵化质量指标贡献率分别为－0.1894、－0.2682,且成立于2019—2020年的新型研发机构科技企业孵化质量指标贡献率分别为－0.1369、－0.2545。由此可知,现阶段南京市新型研发机构成果转化与企业孵化能力不足,制约了南京市新型研发机构整体产出质量的有效增长。

4.4　本章小结

本章从南京市新型研发机构的功能定位着手,对现有新型研发机构相关研究进行综述,并结合南京市新型研发机构的实践发展,界定了南京市新型研发机构质效内涵。其中,投入效率是指新型研发机构投入特定资源后产出成果的能力,产出质量是指具有高价值的技术研发产出成果、高质量的科技孵化企业、顶尖的高端人才和高影响力的科技成果转化效益。根据南京市新型研发机构质效内涵的界定,在综合考虑指标设立基本原则的基础上,构建了南京市新型研发机构质效评价指标体系。在经过指标相关性检验、一致性检验和指标数据无量纲化处理后,通过南京市新型研发机构质效指数模型测算南京市新型研发机构整体的质效发展状况,并根据指标贡献率模型识别影响南京市新型研发机构提质增效的关键指标及其制约因素。

本研究分别对2018—2020年南京市新型研发机构投入效率、不同领域的南京市新型研发机构产出质量、不同发展阶段的南京市新型研发机构产出质量进行指数测算和指标贡献率测算。结果显示,2018—2020年南京市新型研发机构投入效率指数总体呈上升趋势,且机构吸聚和利用高端人才及资本的效率逐步提高;不同领域的南京市新型研发机构产出质量指数有所差异,其中,集成电路和新医药与生命健康领域的新型研发机构产出质量较高,而软件和信息服务与人工智能领域的新型研发机构产出质量有待进一步提升;不同发展阶段的新型研发机构在产出质量各维度指数上有所偏重,其中,发展年限较长的南京市新型研发机构的总产出质量指数较高,且更关注高新技术企业的孵化,而近期成立的南京市新型研发机构总产出质量指数偏低,且更关注技术研发。此外,根据指标贡献率模型测算可知,现阶段南京市新型研发机构在资本投入及产出、高端人才集聚与培育和成果产出转化与企业孵化等方面制约其投入效率和产出质量的有效提升。

第五章

新型研发机构提质增效内在机理研究

基于前文分析可知，目前新型研发机构在投入效率和产出质量发展方面存在诸多不足，如何化解上述新型研发机构提质增效的制约因素，是当前新型研发机构提质增效的关键问题，而这迫切需要基于新型研发机构建设及创新多主体行为协同，生成"科研-产业"市场化集成创新能力体系。基于此，本章将面向新型研发机构提质增效的发展目标，基于集成创新理论、资源能力理论等基础理论，解构新型研发机构在发展过程中所涉及的各项重要组成部分内涵、关联及其作用机理，并着重分析了多维能力的生成以及驱动作用，进而解析了影响新型研发机构建设及创新多主体间行为协同的关键因素。

5.1 新型研发机构"科研-产业"市场化集成创新系统内涵解析

南京市新型研发机构提质增效的关键是推动多研发主体和孵化转化主体协同、多要素资源整合，实现高度产业化导向下集成并覆盖创新全过程的创新创业活动体系，使新型研发机构成为"科研-产业"市场化集成创新系统。因此，本节先解析"科研-产业"市场化集成创新系统的结构和内部要素的相互作用关系，进而构建"科研-产业"市场化集成创新系统模型。

5.1.1 "科研-产业"市场化集成创新系统的理论基础与内涵

"科研-产业"市场化集成创新系统的理论基础是集成创新理论。集成创新理论的第一个理论基础是创新。1912年奥地利经济学家熊彼特在《经济发展理论中提到，"创新"就是一个包括生产、经营、管理、组织等各方面内容的系统，是对技术、组织、制度、管理、文化等各种要素进行整合和集成的过程[139]。"集成"是一个应用较为广泛的概念，《管理集成论》中提出，"集成（Integration）"从一般意义上可以理解为两个及以上的要素（单元、子系统）集合成为一个新的有机系统，这种集合并不是要素之间的简单叠加，而是各单元或子系统之间的有机结合，即按照一定的集成方法和规则组合并构造系统，以提高系统的整体性能[140]。因此，可以将集成概括为：将两个及以上的要素(单元、子系统)按照特定的集成方法和规则有机结合成一个新的系统,并使这些要素相互协调工作,提高系统的整体性能。

集成创新理论的第二个理论基础是系统理论。系统(System)可以理解为"相互关联或作用的若干单元或子系统组成的具有特定结构、性质及功能的有机整体"[141]。因此,集成创新系统则指在目标导向下,各个创新行为主体按照特定的集成方法和规则将各种创新资源进行有机联结,并根据创新需求调动和吸收外部创新要素进而不断优化创新行为,形成一个由各个主体、要素和活动相互匹配、具有独特功能优势的动态复杂系统。

"科研-产业"市场化集成创新系统则是指新型研发机构瞄准未来产业前沿核心技术,针对市场端痛点进行产业化研发活动,推动多研发主体和孵化转化主体协同、多要素资源整合优化,形成高度产业化导向下各个建设主体、各个要素资源和各个创新创业活动集成并覆盖创新全过程的系统。

5.1.2 新型研发机构多元主体及要素资源的协同关系解析

新型研发机构是由政府、高校、科研院所、企业等多个主体参与构成的,以科技创新为目标进行协同创新。在多主体协同创新过程中,将涉及不同主体间的合作与配合、各类型资源要素的集聚与整合,解决这两个问题对于促进新型研发机构整合提升、创新突破,继而实现提质增效,具有重要意义。因此,明确新型研发机构的多元主体之间的协同关系以及多元要素的集成关系对于促进南京市新型研发机构提质增效具有基础作用。

在发展初期,新型研发机构的参与主体主要包括政府、高校和科研院所。随着新型研发机构的不断发展,在新型研发机构发展的中后期政府部门将逐步减少对新型研发机构的扶持,转为新型研发机构中的股东之一或退出新型研发机构运营,以实现新型研发机构的独立运作。其中,作为一类面向市场化运营与转化的组织机构而言,为了进一步提升其可持续运营与自主造血能力,新型研发机构将会吸引部分龙头企业、社会团体、自然人等社会资本的加入,为其提供市场化资源与资金投入等。总体而言,新型研发机构参与主体主要包括政府、高校、科研院所和龙头企业等类型。因此,在新型研发机构发展的不同时期,新型研发机构的参与主体具有一定的差异,主体之间的协同关系也将有所不同。

在发展初期,政府是新型研发机构成立和发展的主导力量和重要保证,高校是新型研发机构人才资源输入的主要来源,科研院所是新型研发机构进行技术创新的关键角色。政府通过启动经费补助、项目设备支持、土地政策优惠、引进人才优惠政策等形式给予新型研发机构稳定的建设基础;重点高校拥有优势学科和相应的研究型人才、高尖端仪器设备、前期研究基础与前沿科研成果等创新资源,能够为新型研发机构输送源源不断的高质量创新人才,从而保证新型研发机构的基础研发能力;科研院所为新型研发机构提供各级重点实验室、工程中心、院士工作站等创新平台,保证新型研发机构拥有最前沿、最丰富的创新资源。政府、高校、科研院所良好的协同关系为新型研发机构顺利运转提供了有力的保障。

在发展中后期,为保障新型研发机构在人、财、事等方面具有独立支配、管理的能力和运行机制,并在市场中逐步发展壮大,政府将逐步退出。龙头企业和社会组织在新型研发机构发展后期的参与程度将逐渐提高,成为新型研发机构接轨市场化运行的方向标和现代化管理的强力助手。此时,政府、高校、科研院所、龙头企业分别作为新型研发机构的引导者、高质量人才输送者、技术创新平台提供者和市场化助推者,协同共建新型研发机构并促进其可持续健康发展。

新型研发机构作为一个新型科研创新组织,具备开展技术研发、孵化科技企业、转化科技成果、集聚高端人才等功能定位。新型研发机构要实现这些功能定位,则需要集聚特定的人才、资本、技术等资源来启动并维持机构的运转。其中,优质的科技创新人才是新型研发机构研发和转化不可或缺的关键资源,主要分为两类,一类是国内外院士、诺贝尔奖获得者、图灵奖获得者、长江学者等科研专家,另一类是专业的管理人才;两种人才资源的配合储备才有利于实现新型研发机构市场化运行和科技创新的目标。充足的资本是新型研发机构运转的重要血液,主要分为财政经费、社会资本和科技人员投资。财政经费是由政府出资,主要以启动经费、天使基金、产业基金等形式在新型研发机构成立初期支持机构的运行与发展;社会资本由企业出资,主要以风投基金、产业基金等形式参与投资建设新型研发机构;科技人员持资入股是新型研发机构的独特形式,目的是为了响应人才持大股的政策,激励更多创新人才的涌现。技术资源主要来自新型研发机构引进的科技专家、人才团队、高校供给的高质量人才资源以及平台技术创新资源。对人才资源、资本资源、技术资源等要素进行整合,以实现资源在新型研发机构内无障碍流动,继而满足机构发展的需求,是使新型研发机构成为"科研-产业"市场化集成创新系统的必要措施。

5.1.3 新型研发机构创新创业活动体系解析

创新创业活动是人们开展以创新为核心、灵魂和基础的发现和创造商业价值的创造性实践活动,从本质上看,创新创业活动是不同于重复性实践或适应性实践的创造性实践[142]。在新型研发机构的参与主体协同整合各类型资源要素后,产生了多种以科技创新和市场化为目标的创造性实践活动,即围绕新型研发机构发展目标产生了诸多促进发展的创新创业活动。以活动目的为划分依据,新型研发机构的创新创业活动可以分为研发活动和产业活动。其中,研发活动是指在政府资金、社会资本的经费支持下,围绕重大原创科学研究和关键核心技术突破两个方向,人才团队在已有的研究基础上利用各种高尖先进仪器设备和创新平台资源进行创造性实践活动,活动成果主要以论文、专利、各级标准等形式呈现。产业活动是指在天使基金、风投基金的经费支持下,围绕孵化科技企业、转化科技成果两个方向,新型研发机构利用研发成果开展以产业化为导向的创造性实践活动,活动形式主要包括孵化创新企业、承担横纵项目服务合同和打造产业集群等。

研发活动是产业活动的前提和基础,而产业活动是研发活动的实现途径和载体。研发活动和产业活动涉及共同的人才、资本和技术等资源,新型研发机构需要在两个活动中做好资源分配、调节和整合;研发活动的研发成果是产业活动的重要支撑,产业活动的活动成果是对研发成果的检验和实现,这表示两个活动之间存在着紧密的联系。两者相互联系和共同作用构成了新型研发机构的创新创业活动体系,为促进新型研发机构提质增效提供载体。

5.1.4 新型研发机构"科研-产业"市场化集成创新系统模型设计

现阶段新型研发机构提质增效的关键,是瞄准未来产业前沿核心技术进行产业化研发,针对市场端痛点形成突破创新,推动政府、重点高校、科研院所和龙头企业等多个参与主体协同合作关系和人才、资本、技术等多种要素资源进行整合,实现高度产业化导向下集成并覆盖创新全过程的创新创业活动体系,使新型研发机构成为"科研-产业"市场化集成创新系统,以生成支持新型研发机构提质增效、可持续发展所需的研发能力、孵化转化能力,以及聚集、整合、配置并重新构建内外部资源来开拓外部市场的市场化集成能力。

结合前文对"科研-产业"市场化集成创新系统内涵、多元主体及要素资源的协同关系、创新创业活动体系的解析,本节将依据新型研发机构涉及的要素资源种类,将"科研-产业"市场化集成创新系统从科研、资本、教育、产业、多维能力五个维度进行解构。在科研维度,科研院所是参与主体,其融合了各种研发平台、国内外知名高校、国家级或省级研究院(所)、国家重点实验室等创新载体与研发主体,共同进行知识创新活动和培养人才活动,为新型研发机构在研发方面所需要的技术资源和人才资源提供有力支撑。在得到研发主体的技术资源和人才资源后,新型研发机构以政府股权收益奖励、著作论文相关学术成果等形式进行反馈。

在资本维度,政府和企业是参与主体,主要以注册资本、天使基金、风投基金、产业基金、并购基金等形式为新型研发机构注入财政经费和社会资本,以满足新型研发机构发展所需要的资本资源,是新型研发机构成功发展的重要保障。新型研发机构将以收益、股权、经营权等形式予以反馈。

在教育维度,高校是参与主体,包括重点高校和特色学院、创客学院、开放式联合大学等专业性学校。重点高校为新型研发机构提供科研人才和科技创新成果,专业性学校为新型研发机构输入技术型人才、产业对口人才,面向专业技术领域进行定制人才培育,两类高校是新型研发机构实现可持续发展所需人才资源的主要来源。反过来,新型研发机构帮助高校明确市场化人才需求,并与高校联合培养高质量人才。

在产业维度,企业是参与主体,通过风险基金、持有股份、项目合同等形式参与新型研发机构产业活动,并从中获取收益。以企业为参与主体的产业维度是新型研发机构的产业化导向标,是新型研发机构成为"科研-产业"市场化集成创新系统的指引。新型研发机构以转化科技成果并孵化科技企业为已有企业注入新生活力,为打造产业集群输出高新企业。

在多维能力维度,为了实现"开展技术研发"功能定位,由新型研发机构相应产生了研发能力;为了实现"孵化科技企业、转化科技成果"功能定位,由新型研发机构相应产生了孵化转化能力,二者共同作用于市场化集成能力。其中,市场化集成能力作为高阶能力,具有机会识别能力、伙伴选择能力、资源与能力匹配能力和风险控制能力等多维能力特征,并通过各能力间的协调和配置,有效调和新型研发机构所面临的科研活动、产业活动及商业活动之间的认知差异、文化差异、组织差异,使各种要素、资源、能力在新型研发机构内部有效匹配、整合、重构并延伸。

基于上述分析,本文构建了面向新型研发机构提质增效的"科研-产业"市场化集成创新系统模型,如图5-1所示。

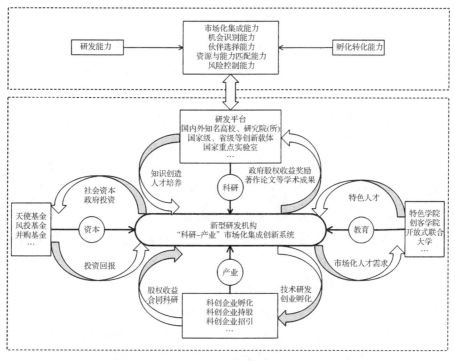

图5-1 "科研-产业"市场化集成创新系统模型

5.2 面向新型研发机构提质增效的"科研-产业"市场化集成创新系统多维能力生成分析

基于上文构建的"科研-产业"市场化集成创新系统模型可知,多维能力体系是实现新型研发机构提质增效与可持续发展的核心能力体系。因此,本节将进一步解析系统中创新创业活动生成的研发能力、孵化转化能力以及市场化集成能力的生成原因及其内涵,继而阐述"科研-产业"市场化集成创新系统多维能力的生成过程,并解析多维能力对"科研-产业"市场化集成创新系统的作用。

5.2.1 "科研-产业"市场化集成创新系统多维能力理论基础及其内涵

为了能够促进新型研发机构不断提质增效,继而实现可持续健康发展,"科研-产业"市场化集成创新系统在面对动态变化的环境时,需要通过协同多参与主体合作关系来整合各类型资源要素,进行各种促进新型研发机构发展的创新创业活动,并不断生成、积累、发展动态能力,从而开始新一轮创新创业活动。但是众多新型研发机构开展创新创业活动时,存在"技术—产业"贴合度不够、市场化收益偏低、自我造血功能不足等运行绩效方面的问题,以及相关资源成果权属界定不清、科学家实际参与度不高、科学家与社会资本间易产生冲突等运行机制方面的问题。面对这些问题,新型研发机构在日常活动中需要形成动态能力体系,进而有效地解决新型研发机构在发展过程中遇到的问题。

本文将基于资源能力理论来解析"科研-产业"市场化集成创新系统的多维能力生成原因、内涵以及构成要素。资源能力理论的两个重要基础是资源基础观和能力演化论。资源基础观主要认为企业最初内生的特定资源和能力的集合是形成竞争优势的源泉[143],重点强调了资源的价值性、稀缺性、难以模仿和取代特质是核心竞争能力的前提[144]。能力演化理论强调资源能力是各要素交互作用的结果,是能力演化过程的产物,是由组织和环境相互作用而形成的[145-146]。综合这两种理论可以发现,资源的异质性是组织核心能力形成的前提,组织在整合各资源要素过程中形成基本能力,当组织具备基本能力时,随着环境的变化,能力也在不断发展,从而为组织竞争优势提供源泉。结合新型研发机构发展目标和发展特点,由于新型研发机构的多个参与主体为新型研发机构的发展提供不同的资源要素,所以新型研发机构需要通过协同多参与主体合作关系来整合各类型资源要素,进行各种创新创业活动,在这个过程中会生成、积累机构必需的能力;而新型研发机构是面向市场化运行的,市场环境的不断变化又使得以提质增效为发展目标的新型研发机构在现有能力基础上进行资源适应性整合配置,组织能力也会相应地演化升级,最终实现能力与系统的共演过程。

资源能力理论中的动态能力理论对动态能力进行了深入分析。其中,具有代表性的观点是Teece等提出的关于动态能力的观点,其认为动态能力是"企业整合、建立以及重构企业内外能力以便适应快速变化的环境的能力",即环境的动态性是动态能力的出发点,企业需要不断变革、学习、创新才能够应对变化的环境,获得持久的发展和竞争优势[147]。企业动态能力主要体现在企业的技术活动和管理活动中[148]。而新型研发机构作为一个实行现代化企业管理的新型研发组织,其所处的环境具备动态变化和复杂性的特征,在这样的环境下新型研发机构需要具备的动态能力是指机构协同多主体关系,整合、构建、重构企业内外部资源和能力以适应快速变化的市场环境的能力,在研发活动和产业活动中表现为研发能力、孵化转化能力,以及聚集、整合、配置并重新构建内外部资源和能力,以开拓外部市场的市场化集成能力。

5.2.2 "科研-产业"市场化集成创新系统多维能力的生成过程

在新型研发机构成立初期,机构需要整合政府、高校、企业、研究所等多个参与主体的资源要素,协同主体之间的关系,进行各种研发活动和产业活动,在这个过程中会生成、积累机构必需的基础能力。当新型研发机构进入成长期和成熟期时,会面临多变的市场环境,新型研发机构需要在现有能力基础上进行资源适应性整合配置,实现组织能力的演化、升级,最终实现能力与系统的共演过程。

新型研发机构功能定位之一是开展技术研发,而研发活动即是为了实现该功能定位。研发活动具备创造性特点,但是结合新型研发机构实际发展,有些研发活动不能够充分对接产业需求,有些研发活动花费的研发周期过长和投入产出质量较低。而随着时间和经验的积累,新型研发机构将形成所需的研发能力,能够有效使得新型研发机构的研发活动更加高效地面向产业化需求。研发能力具体是指新型研发机构在掌握现有科学技术知识的基础上,把握市场需求,确定研究方向和目标,组织人力、物力和财力去解决新问题的能力。

孵化科技企业和转化科技成果是新型研发机构的两个功能定位,产业活动即是为了实现这两个功能定位。在新型研发机构进行产业活动时,孵化引进企业质量不够高、产业链上下游关联度不高、产品市场化认可度不高等问题仍然存在。要将理论上的科技创新知识和成果应用到实际产业中并以此孵化出创新型企业,则需要新型研发机构具备扎实的孵化转化能力。孵化转化能力具体是指新型研发机构有效利用各种要素资源培养创新创业型企业,同时实现机构与孵化企业之间协同发展的能力。

新型研发机构是面向市场化导向,具备开展技术研发、孵化科技企业、转化科技成果、集聚高端人才等功能定位的独立法人单位,在具备研发能力和孵化转化能力两个基本能力后,还应当具备市场化集成能力,才足以应对多变的市场环境,从而实现更高投入效率和产出质量。当机构面临多变的市场环境,其需要重新整合来自机构内外部的人才、资本、技术等多种要素资源,形成聚集、整合、配置并重新构建内外部资源的能力,继而形成开拓外部市场的市场化集成能力。市场化集成能力是指在市场化需求导向下,新型研发机构以各种资源为基础,通过集成的手段来实现机构内外部资源的聚集、整合与优化,达到协同创新,并提升自身创新能力的能力,具有机会识别能力、伙伴选择能力、资源与能力匹配能力和风险控制能力等多维能力特征。其中,机会识别能力能够帮助机构寻找创新方向和时机,适时集聚创新创业活动所需要的资源;伙伴选择能力能够帮助机构寻找有共同企业文化和合作动机的合作伙伴;资源与能力匹配能力能够帮助机构借助相应能力整合内外部资源;风险控制能力能够帮助机构评估面临的风险,并采取相应措施避开风险或者减少风险带来的损失。

在新型研发机构进入成长期后,研发能力、孵化转化能力将作用于市场化集成能力,共同对"科研-产业"市场化集成创新系统发挥作用,提升其生存能力和可持续发展能力。

5.2.3 多维能力对"科研-产业"市场化集成创新系统的作用解析

"科研-产业"市场化集成创新系统为促进机构适应外部环境发展的需要,在经历时间沉淀和经验积累后,形成了相应的动态能力,包括研发能力、孵化转化能力,以及聚集、整合、配置并重新构建内外部资源来开拓外部市场的市场化集成能力。而这些能力也将对"科研-产业"市场化集成创新系统起到反作用,多维能力间的协调和配置也将对各参与主体、要素资源和创新创业活动进行反向调和,进一步促进新型研发机构实现整体的提质增效。

研发能力能够使新型研发机构的研发活动及时识别市场需求,整合研发所需要的资源,进行更多的创造性活动,产出针对性解决市场痛点的创新知识和成果。孵化转化能力能够促进新型研发机构顺利将科技创新成果转化成创新创业型企业,从而符合新型研发机构成立的初始定位。市场化集成能力作为高阶能力,具有机会识别能力、伙伴选择能力、资源与能力匹配能力和风险控制能力等多维能力特征,能够准确识别市场机会,寻找融资伙伴,形成新型研发机构的自我造血能力,继而能够承担研发费用和市场风险。

研发能力和孵化转化能力又将通过市场化集成能力共同作用于"科研-企业"市场化集成创新系统,各能力维度间的自适应协调和配置,能有效反向调和新型研发机构所面临的研发活动和产业活动的认知差异、文化差异、组织差异,使各种要素、资源、能力在新型研发机构内部有效匹配、整合、重构并延伸。因此,市场化集成能力是新型研发机构由稳定运作期、整合提升期到创新突破期必备的核心能力和高阶能力,而研发能力和孵化转化能力是基础能力和必要能力。不同层级(省级、市级、区级等)、不同类型(偏研发型、偏孵化型等)新型研发机构在重大原创科学研究、产业关键核心技术突破及围绕未来产业方向的科技企业引进、孵化等发展方向需要进行管理认知层的战略判断,以及组织行动层的战略执行,这将与新型研发机构集成能力、研发能力和孵化转化能力互为动力,共同推动新型研发机构实现市场化集成创新和可持续化发展。

5.3 多维能力驱动下新型研发机构提质增效的关键因素识别及行为协同分析

根据 5.2 节分析,"科研-企业"市场化集成创新系统在协同主体关系和整合各种资源要素时形成基础能力,面临变化的市场环境,能力演化升级,形成市场化集成能力,基础能力和高阶能力最终构成多维能力体系。为生成新型研发机构提质增效所需要的多维能力体系,需基于"科研-产业"市场化集成创新系统,识别出影响系统中政府、科研人才团队、龙头企业及风投机构等多主体市场化集成创新行为协同的关键因素,并分析各因素对主体间市场化集成创新行为协同的影响。为此,本节基于文献分析和"科研-产业"市场化集成创新系统模型,解析出影响多主体市场化集成创新行为协同的关键因素及其内涵;并结合多维能力对关键因素、行为协同的驱动作用分析,进一步明析关键因素与行为协同的内在关系。在此基础上,结合针对南京新型研发机构的调研分析,研究新型研发机构提质增效的关键因素对行为协同的作用关系。

5.3.1 基于"科研-产业"市场化集成创新系统的关键因素与行为协同内涵解析

新型研发机构是多主体参与、多功能定位的独立法人单位,其核心特征是通过制度创新和组织创新,打通政府、高校科研院所、企业之间机制壁垒,建立良好的多主体协同机制,形成优质创新资源流动、整合的制度通道,使高校、科研院所的创新资源、研发活动与产业创新主体的创业活动、产业要素在新的制度空间重新连接组合,在高度产业化导向下产生聚变,最大化创造并释放创新创业潜能。因此,现阶段新型研发机构提质增效的关键在于促进多主体间的协同行为,继而提升投入效率和产出质量,并最大化释放创新创业潜能。行为协同是新型研发机构实现提质增效的核心环节,而明确影响多主体协同的关键因素是实现多主体市场化集成创新行为的首要前提。

根据多主体间行为协同影响因素的相关研究可知,在多主体协同创新过程中,主体间行为协同受多重因素共同影响。陈志军等从战略导向、组织文化、激励机制及沟通机制四个因素对公司内部研发协同进行了验证,并且提出了激励机制对于公司内部的研发协同有显著影响[149]。Veugelers等认为企业的外资份额、研发能力、其他补充创新活动、企业的拨款制度、企业分担成本和风险的动机等特征是协同创新的重要影响因素[150]。蔡翔、赵娟对大学—企业—政府协同创新效率及影响因素进行实证分析,得出研发人力和物资投入共同构成协同创新的双核驱动力量[151]。Hemmert通过调研实证分析,认为主体之间的信任是协同创新系统长期稳定发展的基础,缺乏信任会导致创新主体产生机会主义倾向,导致协同创新合作失败[152]。Ganesan提出合作伙伴的合作意愿和合作动机是构成网络组织中参与者之间协同合作关系形成、各自追逐利益的基础,节点企业间的相互信任程度与协同关系的产生有着密切的关系[153]。Mancinelli等指出主体间关系是协同创新的关键,强调合作关系对于提高个体和整体创新都具有重要作用[154]。曾小彬、包叶群认为,协同创新的过程,就是协同创新系统内的企业、高校及科研机构、中介和政府等在市场需求拉动下的协同创新,市场需求为协同创新过程指明了方向[155]。马娟、陈岸涛将影响协同的因素分为内部因素和外部因素,其中外部因素包括制度因素和环境因素[156]。Martínez-Román指出宏观的创新环境对跨组织的协同创新具有正面影响,政策、技术等因素也影响着创新范式的发展[157]。综合现有研究观点可以得出,多主体间行为协同不仅关注新型研发机构参与主体的内在资源,同时也关注机构与外部因素之间的关系,内外部多种因素共同作用于多主体行为协同。

结合图5-1所示的系统模型可知,新型研发机构中主体间行为协同的有效发挥依赖于主体间资源要素的整合。系统模型根据要素资源种类,从科研、资本、产业和教育四个维度分析新型研发机构多个参与主体协同作用,共同促进新型研发机构提质增效和实现可持续发展。其中,政府主体主要通过给予机构发展所需的资金、政策支持,高校为机构提供多类人才、科创成果支持,科研院所为机构提供人才团队、技术资源,企业则给予机构资金资源支持。四个主体间需要强烈的合作意愿和一致的合作目标,借助新型研发机构整合各自资源,通过协同创新获得更多收益。在这一过程中,合理的分配机制是各参与主体展开进一步合作创新的基础和前提。

因此,综合现有研究和"科研-产业"市场化集成创新系统模型,可以将新型研发机构提质增效的影响因素归纳为:政策引导、股权结构、收益分配等关键因素。其中,政策引导是影响新型研发机构多主体间协同的关键外部因素,包含国家及地区对新型研发机构发展的政策支持、财政资金支持、天使基金等要素组成。股权结构为新型研发机构中多主体间的股权与控制权配置结构。收益分配为能够统筹协调多主体间的收益分配机制。

行为协同则是对协同过程阶段多主体之间产生关系与行为的描述,主要包括多元建设主体的合作意愿、合作利益导向,以及在成果转化与企业孵化等不同功能定位方面的合作努力程度。提质增效是对多主体行为协同目标描述,主要包括高端人才、资本、技术等投入的效率提高和技术研发产出、科技企业孵化、高端人才培育、科技成果转化等产出的质量增加。行为协同是实现新型研发机构提质增效的重要前提,新型研发机构需要先通过关键因素影响多主体间的行为,实现政府、科研人才团队、龙头企业、风投机构等多主体的资源要素整合,进而生成新型研发机构提质增效所需的多维能力体系,最终在多维能力驱动下实现提质增效。

5.3.2 多维能力驱动下新型研发机构提质增效的关键因素与行为协同内在关系解析

前文基于现有文献研究和"科研-产业"市场化集成创新系统,解析了影响多主体市场化集成创新行为协同的关键因素以及多主体市场化集成创新行为协同的内涵。在此基础上,本节需要进一步明确多维能力体系、关键因素、行为协同与"科研-产业"市场化集成创新系统的内在关系。

影响多主体市场化集成创新行为协同的关键因素主要包括政策引导、股权结构、收益分配等。其中,政策引导作为外因,通过政策的引导和财政资金等资源的支持作用于新型研发机构,从而刺激新型研发机构多主体间为实现行为协同而进行股权结构调整及收益分配设计,通过对多主体间行为协同的产生与优化,继而提升新型研发机构的投入效率和产出质量,实现新型研发机构提质增效。

由"科研-产业"市场化集成创新系统生成的多维能力将对新型研发机

构的发展起到推动和加速作用,是新型研发机构实现可持续发展的主要驱动力。不同能力对新型研发机构的驱动作用表现如下:研发能力将深入整合研发人才、研发技术和研发资本等资源要素,提高研发效率,继而提升机构自身的科技创新能力。这将符合政策中创新驱动发展的要求,刺激更多关于推动新型研发机构发展的政策衍生,增强多主体行为协同动力。孵化转化能力将促进新型研发机构的科技创新成果有效转化成创新创业型企业或提升新型研发机构承接横纵向项目能力。市场化集成能力使新型研发机构能够准确识别市场机会,寻找融资伙伴,形成新型研发机构的自我造血能力,继而能够承担研发费用和市场风险。市场化集成能力使新型研发机构面向市场化运营,能够使参与主体接触到更多资源、知识和信息并且带来更多经济效益,同时也会使参与主体面临诸多市场风险,这将影响多主体协同的股权结构及收益分配因素。

总体而言,多维能力是新型研发机构发展的主要驱动力,对政策引导、股权结构、收益分配等关键因素产生不同程度的影响,这三个关键因素又将影响多主体间的行为协同,通过促进多主体间的资源要素充分整合,实现新型研发机构提质增效的发展目标。

5.3.3 面向南京问卷调研分析的新型研发机构提质增效的关键因素对行为协同的作用关系分析

在对多维能力驱动下新型研发机构提质增效的关键因素与行为协同内在关系解析基础上,本节将以南京市为例,根据实际调研,进一步研究新型研发机构提质增效的关键因素对行为协同的作用关系。研究采用问卷调查方式,采用 LIKERT7 级刻度量表(见附录 A)的度量方式分析政策引导、股权结构、收益分配是如何影响行为协同的。本研究发放 409 份问卷,有效回收 141 份问卷,具体分析如下。

通过分析三大关键因素对多元建设主体协同合作创新的影响程度可知,政策引导因素被认为是影响多元建设主体协同合作创新最重要的影响因素(占比 33.82%),说明政策引导是作为产生行为协同最重要的外部影响因素,合理的政策保障能够让新型研发机构在发展期内不会因为参与主体个体的经济利益影响多主体协同作用的发挥;并且政府应该在制定引导政策、绩效考核、鼓励社会资本加入等方面发挥作用,加快促进多主体协同创新。其次,在外部政策的影响下,股权结构与收益分配两类内部因素需要协调配合,共同发挥作用。其中,股权结构因素通过调整股权-控制权间的协同关系,赋予不同主体以参与积极性与创新动力;而合理的收益分配方式将从根本上激励作为逐利性主体的科研人才团队、龙头企业等积极参与新型研发机构,为新型研发机构提质增效而努力,且股权结构因素与收益分配因素间存在相关性。具体如图5-2所示。

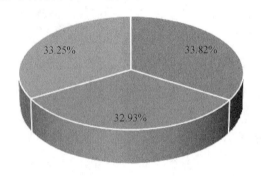

图5-2 三个关键因素对多元建设主体协同合作创新的重要程度

进一步通过对政策引导、股权结构、收益分配三大关键因素维度下的各指标的重要程度进行评价可知,政府出台绩效考核文件、合理的股权和收益分配和按各主体参与贡献分配利益分别是政策引导、股权结构、收益分配三大关键因素的重要体现。同时,三大关键因素间存在交互作用关系,其中,政策引导作为影响多主体协同创新的外部因素,可通过完善绩效考核等方式对股权结构、收益分配等内部因素产生关联影响,而股权结构与收益分配因素都受股权激励与利益分配机制的影响,进而股权结构与收益分配具有交互作用。由图5-3可知,政策引导的三个衡量指标的重要程度不相上下,其中南京市政府出台绩效考核文件非常重要是最为显著的指标,"非常同意"选项占比为68.79%;股权结构的五个衡量指标中,合理的股权和收益分配被认为是最重要的,而按各主体间自主协定分配控制权和按注册资本占比分配股权次之,表明多个参与主体间的股权和收益分配的合理性对于多元建设主体协同合作极为重要;针对收益分配的衡量指标,对三个指标的重要程度的认可比例较为平均,其中按各主体参与贡献分配利益非常重要指标的"非常同意"选项占比最高,为 63.83%,说明根据各主体参与贡献进行合理的分配对于促进协同行为和创新绩效尤为重要。

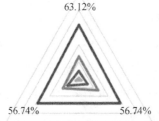

图 5-3　政策引导、股权结构、收益分配三大因素下各指标的重要性分析

因此，面向新型研发机构提质增效目标下，影响新型研发机构多主体行为协同的关键因素及其作用关系可以总结为：新型研发机构作为一个新型科研创新组织，需要在外部政策因素引导下，依靠机构内部股权结构及收益分配等因素的协调配合，才能形成对多主体行为协同的影响，进一步促进多主体间资源要素的集聚与整合，以生成新型研发机构提质增效所需的多维能力体系。

5.4　本章小结

本章首先对"科研-产业"市场化集成创新系统的内涵进行了分析，进一步解析了其内部结构并构建了"科研-产业"市场化集成创新系统模型。"科研-产业"市场化集成创新系统是新型研发机构面向提质增效目标时，瞄准未来产业前沿核心技术，针对市场端痛点进行产业化研发活动，推动多主体协同、多要素资源整合优化，形成高度产业化导向下各个参与主体、各个要素资源和各个创新创业活动集成并覆盖创新全过程的系统。其中，新型研发机构是由政府、高校、科研院所、企业等多个主体参与构成的；新型研发机构为实现其功能定位，需要集聚特定的人才、资本、技术等资源来启动并维持机构的运转；将这些资源整合后会产生研发活动和产业活动两类主要的创新创业活动。以科研创新和提质增效为目标进行发展时，多元主体之间的协同关系随着发展阶段的改变而调整；相应的，各种资源要素被合理地整合，继而产生了创新创业活动。在此基础上，本章从科研、资本、教育、产业、多维能力五个维度，融合政府、高校、科研院所、企业等多个参与主体构建"科研-产业"市场化集成创新系统模型。

其次，本章基于资源能力理论解析了"科研-产业"市场化集成创新系统的多维能力生成原因、生成过程以及多维能力对"科研-产业"市场化集成创新系统的作用。其中，为了能够促进南京市新型研发机构不断提质增效，继而实现可持续健康发展，"科研-产业"市场化集成创新系统在面对动态变化的环境时，需要新型研发机构具备应对这种环境的动态能力。动态能力在研发活动和产业活动中表现为研发能力、孵化转化能力，以及聚集、整合、配置并重新构建内外部资源来开拓外部市场的市场化集成能力。在新型研发机构发展的不同时期,将会产生不同水平的能力。在成立初期,机构会生成、积累机构必需的基础能力,包括研发能力和孵化转化能力;在进入成长期和成熟期时,会面临多变的市场环境,新型研发机构需要在现有能力基础上进行资源适应性整合配置,实现组织能力的演化、升级,并生成市场化集成能力,最终实现能力与系统的共演过程。而这些能力也将对"科研-产业"市场化集成创新系统起到反作用,多维能力间的协调和配置将对各参与主体、要素资源和创新创业活动进行反向调和,进一步促进新型研发机构实现整体的提质增效。

最后,本章结合"科研-产业"市场化集成创新系统模型,深入解析出"科研-产业"市场化集成创新系统中影响新型研发机构多主体市场化集成创新行为的关键因素、行为协同的内涵;并结合多维能力对关键因素、行为协同的驱动作用分析,进一步明析关键因素与行为协同的内在关系。研究指出,新型研发机构多主体行为协同的关键因素及其作用关系可以总结为:新型研发机构作为一个新型科研创新组织,需要在外部政策因素引导下,依靠机构内部股权结构及收益分配等因素的协调配合,才能形成对多主体行为协同影响,进一步促进多主体间资源要素的集聚与整合,以生成新型研发机构提质增效所需的多维能力体系。

第六章

基于股权-控制权差异化配置情境的新型研发机构长效发展机制研究

为破解新型研发机构存在的面向产业化的系统整合能力较弱和面向跨组织科技创新人才的体制与非体制组织间激励政策冲突等难题,急需吸聚政府部门、科研人才团队、社会投资者等多方主体的财政资本、科研资本(包括科技型人才、技术等)、社会资本等创新要素资源,探寻政府部门、科研人才团队与社会资本等新型研发机构多元创新主体间的创新行为协同激励机制。而股权-控制权作为驱动多方主体参与积极性的调控手段,是激发多元创新要素资源协同配置,实现新型研发机构提质增效的催化剂。对此,本章从新型研发机构同股不同权的股权-控制权优化配置角度出发,通过构建新型研发机构多主体行为协同演化博弈模型解析主体间行为协同及其关键因素的作用关系;其次,基于多主体目标协同,探寻有助于新型研发机构价值与多主体个体价值协同提升的最优股权-控制权配置结构;进而基于模型解析结果,提出有助于实现新型研发机构提质增效的长效发展机制,为下文新型研发机构提质增效行动路径设计奠定基础。

6.1 新型研发机构多方演化博弈问题解析及参数设计

结合第五章分析可知,新型研发机构作为一个"科研-产业"市场化集成创新系统,其在实现技术研发、成果转化与企业孵化的过程中受多元建设主体(政府部门、科研人才团队、龙头企业、风投机构等)、多要素资源(技术、人才、资金等)、创新创业活动体系(研发活动、产业活动、商业活动等)等众多关键因素的协同影响。若要提升新型研发机构的市场化集成创新能力,实现提质增效的发展目标,则需要通过引导和协调新型研发机构中影响建设及创新主体行为协同的关键因素,并以此实现要素资源的充分整合与优化。对此,本节将从演化博弈理论角度出发,解析新型研发机构中的多元建设主体行为协同问题,结合新型研发机构发展实际,设计多元建设主体博弈行为和设计损益参数,为下文中的演化博弈模型构建及求解奠定基础。

6.1.1 新型研发机构多主体行为协同演化博弈问题解析

由第五章研究内容可知,若想实现新型研发机构提质增效的发展目标,则需要通过协调新型研发机构影响多主体行为协同的关键因素进而激发多元建设主体的参与积极性,以此来推动新型研发机构提质增效与可持续发展。为此,需针对新型研发机构现实情况及整体发展目标,剖析新型研发机构的核心参与主体类型及各自的发展目标,以及所对应的相关要素资源投入,从影响新型研发机构主体间行为协同的各类关键因素入手,通过调和多元建设主体的决策行为,从而提高新型研发机构的投入效率与产出质量等,提升机构整体创新产出与成果转化实力。

针对新型研发机构参与主体类型而言,随着新型研发机构发展进程的不断推进,机构内部建设主体构成及主体在机构中所发挥的作用都将会有所差异。在新型研发机构成立初期,新型研发机构主要由政府部门和科研人才团队两类核心主体构成,其中,政府部门以相关政策推行和财政资金扶持为主,科研人才团队一方面将科技人才、技术成果等资源投入新型研发机构中进行成果转化与企业孵化,另一方面也通过申请横纵向项目、提供技术服务等形式获得项目经费和相关研发资金,而此阶段因孵化的企业成长较慢,仍以新型研发机构扶持为主,因此孵化企业尚不具备反哺能力。此外,政府的财政拨款和研发资金投入是以新型研发机构完成一定的绩效考核目标为前提的,考核目标涉及新型研发机构产值、人才引进、技术研发、企业孵化、知识产权产出等各个方面,而作为刚起步的新型研发机构而言,完成这一绩效考核目标具有一定的困难,或是这一绩效考核目标并不能反映出新型研发机构的真正价值,从而使得新型研发机构不得不为了完成绩效考核获得财政支持而花费较多的时间与精力在完成绩效考核目标方面,主要原因包括:部分新型研发机构面向的产业类型研发周期较长,难以在较短的周期内实现收益;且新型研发机构的发展定位各有侧重,存在注重企业孵化、共性技术研发、技术创新与成果转化等各个方面,用同一套指标体系对新型研发机构进行考核并不能有效反映新型研发机构发展问题与实际情况,也会使得新型研发机构无法全力投入于主要发展目标中。

随着新型研发机构的不断发展,为进一步实现市场化运营和自主造血,新型研发机构将通过吸引行业中的相关龙头企业加入来获取更多的市场化资源,或者吸引其他社会资本的加入,从而使得新型研发机构在获取市场资源、实现市场化转化和自主造血的同时,也可逐渐摆脱依赖财政资金扶持的局面,从而提升新型研发机构的自主运营能力。

由上述新型研发机构发展实际可知,在新型研发机构的不同发展阶段,政府部门(市政府、区政府等)、科研团队(核心人员与研发人员等)、社会资本(风投、龙头企业等)等各类主体在新型研发机构中的重要性和作用关系存在差异性,也存在一定的阶段性特征。此外,由于新型研发机构所具有的类型差异(偏研发型、偏孵化型),不同类型机构中的各类主体参与情况也将有所差异。为此,需要先明确各类主体在新型研发机构中的核心目标差异。对于政府部门而言,主要包括自身投资(注册资本部分)的保值增值,以及通过绩效考核评价体系激励新型研发机构的创新发展。对于科研人才团队而言,一方面需要足够的激励(薪资和股权),另一方面需要实现科技成果价值最大化,以及能够最大化产出科技成果(知识产权产出最大化)等。对于龙头企业而言,主要的考量点便是收益最大化(结合新型研发机构调研结果可知)。其中,龙头企业的进入与科研人才团队间将因股权问题产生冲突,从而抑制龙头企业的参与积极性。通过分析目前南京市新型研发机构股权结构可知,目前的收益分配是按照股权占比进行收益分配,在这一利益分配模式下,作为持大股的科研人才团队将获得新型研发机构中的大部分收益,而龙头企业难以通过参与新型研发机构建设运营而实现自身利益的极大增长,因此,其核心问题是如何实现社会资本的盈利并且不影响科研人才团队的参与积极性。在这一情况下,新型研发机构发展将存在诸多矛盾,如吸引社会资本加入与社会资本难以获得足额收益回报间的矛盾,社会资本难以进入与新型研发机构实现市场化自主运营之间的矛盾。

而新型研发机构发展所伴随着的股权冲突、决策权分配等问题,归根结底是多主体间的利益冲突与协调问题。作为具有自身利益驱动的各类主体,要想实现多主体共同推进新型研发机构提质增效,关键在于理清多主体间的利益分配关系,实现多主体间的利益均衡,从而提高多主体参与新型研发机构运营与创新发展的积极性。在这一背景下,本研究将从同股不同权机制设计出发,将股权与控制权进行有效分离,找寻多元建设主体在股权与控制权方面的合理配置模式,以期形成既能激励社会资本参与新型研发机构运营,又可提升科研人才团队创新动力的股权与控制权协同配置的新型研发机构发展模式。

6.1.2 新型研发机构核心参与主体及其决策行为解析

由上文可知,新型研发机构中主要包含三类主体:当地政府部门、科研人才团队以及龙头企业。其中,当地政府部门为推动新型研发机构的建设与运用,将通过注册资本、研发经费等方式投入新型研发机构中,以期推动新型研发机构创新发展;科研人才团队作为研发创新的中坚力量,通过投入团队所持有的专利、论文等类型的技术资源以及专业的研发型人才等,为新型研发机构的成果转化和企业孵化等进行研发创新;而龙头企业作为逐利性主体,一方面会通过资本注资的方式投入新型研发机构中,另一方面,作为市场化主体,也将为新型研发机构提供一定程度的市场化资源,帮助新型研发机构提升自主造血能力等。由此,本研究选取政府部门、科研人才团队和龙头企业作为博弈的参与主体进行建模,解析新型研发机构运营过程中的利益冲突问题。

在由政府部门、科研人才团队与龙头企业组成的三方演化博弈中,各方主体出于自身利益的考量而采取差异化的行为策略。对于政府部门而言,在扶持与监管新型研发机构运行过程中,会根据自身利益考量而采取差异化的策略:一方面,政府扶持新型研发机构建设发展可帮助带动区域产业发展与经济提升,因此政府将以短期考核为导向,注重新型研发机构在产值等经济收益方面的考量;另一方面,新型研发机构的顺利运营与实现自主造血也将给区域的就业率、产业集群发展等带来帮助,因此,政府也会重视新型研发机构的长期发展和给区域带来的长期回报,由此,政府部门可采取的策略有"注重长期考核"和"注重短期考核"两类,则可假设采取各类策略的政府部门比例为$(x, 1-x)$。对于科研人才团队而言,其作为新型研发机构中的主要创新来源,新型研发机构的业务导向与创新类型直接受科研人才团队所拥有的创新资源、创新能力等决定,结合前文中关于新型研发机构类型的划分,特将科研人才团队的创新导向分为"企业孵化导向型研发"与"技术服务导向型"研发两个类型,因此假设采取各类研发类型的科研人才团队比例是$(y,1-y)$。对于龙头企业而言,其加入新型研发机构的发展运营的主要考量因素是新型研发机构的技术创新、成果转化、孵化企业等功能导向是否符合自身投资偏好,因此社会资本会结合自身考量以及新型研发机构的发展情况而决定"投资参与新型研发机构运营"和"不投资参与"两种类型,由此假设采取各类策略的龙头企业比例为$(z,1-z)$,具体如图 6-1 所示。

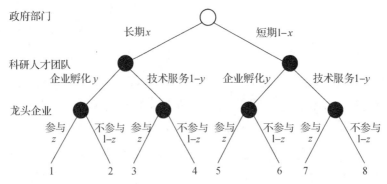

图 6-1　政府部门、科研人才团队、龙头企业的三方博弈树模型

6.1.3　新型研发机构多主体行为协同演化博弈参数设计

新型研发机构作为一个独立法人单位,将根据各方主体的注册资本投入,形成相应的股权结构,假设新型研发机构原始的注册资本总额为 R,政府部门与科研人才团队的原始投资比例为 $\theta_g,\theta_r(\theta_g+\theta_r=1)$。当社会资本加入新型研发机构参与运营后,则政府部门与科研人才团队的注册资本金不变,而股权占比遭受一定的稀释,假设稀释比例为 $\Delta\theta_g,\Delta\theta_r$,则稀释后的政府部门与科研人才团队股权占比分别为 $\theta_g-\Delta\theta_g,\theta_r-\Delta\theta_r$,而龙头企业的资本投入为 ΔR,则龙头企业的股权占比 $\theta_e=\Delta\theta_g+\Delta\theta_r=\theta_e(R+\Delta R)$。此外,不同类型的新型研发机构由于主导业务不同,其所带来的收益成本等有所差异,因此不同类型的新型研发机构营收也有所不同,本文假设偏孵化型和偏研发型的新型研发机构收益分别为 π_1,π_2,当社会资本加入新型研发机构参与运营时,其将为新型研发机构带来市场化资源,帮助其实现企业孵化或成果转化,为此,可假设当社会资本进入时,其将给新型研发机构整体带来一定程度的收益增长,假设增长比例为 ω。

对于政府部门而言,其在新型研发机构建设初期,除了投入一定比例的

注册资本金 $\theta_g R$ 以外,还将通过研发经费的形式帮助新型研发机构顺利运营和研发,假设政府部门的初期研发经费及运营经费等资金总投入为 $C_{gR\&D}$,在新型研发机构的建设期中,政府部门会对其进行年度考核,对于成功达成绩效考核目标的新型研发机构,将给予一定额度的资金 S_g 进行激励,其中,假设当政府部门注重短期绩效考核时,部分新型研发机构由于研发周期长、成果转化或孵化企业难度大等,难以在短时间内实现绩效考核目标,因此假定成功达成短期绩效考核目标的新型研发机构比例为 α,则当政府注重短期绩效考核时,其将给予新型研发机构的实际激励资金为 αS_g。作为新型研发机构投资运营的参与主体之一,如新型研发机构实现盈利后,政府部门将会获得一定程度的股权分红,假设运作股权分红的比例为 p,则政府获得的分红将为 $\theta_g \pi_1$(或 $\theta_g \pi_2$);新型研发机构的顺利运营(即完成绩效考核目标)也将有助于实现政府部门的业绩目标,从而使政府部门获得一定的绩效奖励 W_{gd}。当政府部门注重长期绩效考核时,新型研发机构将有充分的时间专注于自身的技术研发、成果转化及孵化企业等业务,而不必为完成短期目标耗费较多精力,此时,新型研发机构将能获得较快成长,也将进一步有助于打造创新产业集群、提升区域综合经济与创新实力等,从而给政府部门带来长期的投资回报 W_{gc}。

对于科研人才团队而言,其在新型研发机构建设初期,除了投入一定比例的注册资本金 $\theta_r R$ 外,还将投入相应的专利、论文等技术资源以及相应的人才资源等,假设科研人才团队的技术资源投入与人才激励投入总成本为 C_r,当政府部门注重短期绩效考核时,新型研发机构为了达成绩效考核目标成功拿到绩效奖励,作为新型研发机构中的创新主力军,科研人才团队将额外投入相应的时间、技术等成本 C_{ex},同时,新型研发机构获得的绩效奖励也将用作后期研发资金等投入运行,而新型研发机构的研发资金充足也将有效弥补科研人才团队的研发资金支出,故可变相地将部分政府部门绩效奖励 γS_g 视为科研人才团队的研发补充金。当新型研发机构进行发展运营时,科研人才团队将获得一定的收益回报,如新型研发机构实现盈利后,科研人才团队将会获得一定程度的股权分红 $\theta_r \pi_1$(或 $\theta_r \pi_2$)。当科研人才团队为企业孵化导向型研发时,其将通过科研人才参股形式或雇佣形式参与孵化企业的运营与创新,由此可假设科研人才团队为孵化企业所投入的技术、人才、资金等投入为 C_{ie}，当孵化企业顺利运营实现收益后，科研人才团队也将直接获得相应的收益 W_{ie}^2，社会资本的加入还将进一步提高企业孵化率以及孵化企业的收益，假设其增长比例为 f；当科研人才团队为技术服务导向型研发时，其将进一步投入或引进相关人才、设备、专利等技术资源，用于技术研发与成果转化，由此假设科研人才团队为技术研发与成果转化所投入的成本为 C_{RD}，科研人才团队也将直接获益于新型研发机构的科技成果产出转化（如专利的许可与转让等形式）的研发收入为 $W_{R\&D}$，社会资本的加入也将有效提升成果转化率，从而有效提高科研人才团队的研发收入，假设其增长比例为 h。

对于龙头企业而言，在新型研发机构建设中，其将投入一定比例的注册资本金 ΔR，社会资本的加入也将提供一些市场化资源如企业合作资源、社会资金帮助新型研发机构实现市场化运营，假设资源投入成本为 C_{mv}。社会资本作为追求赢利性的主体，较为注重自身的投资回报情况，当新型研发机构进行发展运营时，龙头企业将会获得一定程度的股权分红 $\theta_e\pi_1$（或 $\theta_e\pi_2$）；部分社会资本将会与科研人才团队等共同参与孵化企业，假设社会资本投入孵化企业的资本金为 R_{ie}^3，当孵化企业顺利运营实现收益后，龙头企业也将直接获得相应的收益 W_{ie}^3；此外，对于龙头企业而言，由于其自身也是一个独立法人单位，当其掌握新型研发机构的控制权时，除了能够有效提升新型研发机构整体收益及科研人才团队的相关收益以外，其自身也将获得一定程度的潜在收益 I_{pb}^3，如相关技术、人才资源以及部分隐性收益。

6.2 股权-控制权差异化配置情境下新型研发机构多主体行为协同博弈模型研究

由上文分析可知，新型研发机构所面临的股权冲突问题，归根结底是多元建设主体间的利益分配与冲突问题，对此可运用演化博弈来进行建模分析，解析多元建设主体间的利益权衡关系。基于此，本节在上文博弈问题解析与损益参数设计的基础上，进一步结合新型研发机构发展实际，构建同股同权与同股不同权两种博弈情境下的演化博弈模型，通过对比分析识别不同情境下多元建设主体协同行为差异，找寻多元建设主体协同创新的关键影响因素及合理的协同行为调控方式。

6.2.1 同股同权情境下新型研发机构多主体行为协同演化博弈模型构建

根据上述的损益参数假设,可以构建三方演化博弈收益矩阵,为进一步验证同股不同权的合理性及有效性,本文将首先构建同股同权情境下的收益矩阵,具体如表6-1所示。

表6-1 同股同权情境下政府部门、科研人才团队与龙头企业的收益矩阵

策略组合	主体收益
(x,y,z)	$-\theta_g R - C_{gR\&D} - S_g + W_{gd} + W_{gd} * \rho^t + (\theta_g - \Delta\theta_g)\pi_1 p$ $-\theta_r R - C_{tr} - C_{ie}^2 + \gamma S_g + (\theta_r - \Delta\theta_r)\pi_1 p + W_{ie}^2$ $-\Delta R - R_{ie}^3 + \theta_e \pi_1 p + W_{ie}^3$
$(x,1-y,z)$	$-\theta_g R - C_{gR\&D} - S_g + W_{gd} + W_{gd} * \rho^t + (\theta_g - \Delta\theta_g)\pi_2 p$ $-\theta_r R - C_{tr} - C_{rR\&D} + \gamma S_g + (\theta_r - \Delta\theta_r)\pi_2 p + W_{R\&D}^2$ $-\Delta R + \theta_e \pi_2 p$
$(1-x,y,z)$	$-\theta_g R - C_{gR\&D} - \alpha S_g + \alpha W_{gd} + (\theta_g - \Delta\theta_g)\pi_1 p$ $-\theta_r R - C_{tr} - C_{ie}^2 + \gamma\alpha S_g - \alpha C_{ex} + (\theta_r - \Delta\theta_r)\pi_1 p + W_{ie}^2$ $-\Delta R - R_{ie}^3 + \theta_e \pi_1 p + W_{ie}^3$
$(1-x,1-y,z)$	$-\theta_g R - C_{gR\&D} - \alpha S_g + \alpha W_{gd} + (\theta_g - \Delta\theta_g)\pi_2 p$ $-\theta_r R - C_{tr} - C_{rR\&D} + \gamma\alpha S_g - \alpha C_{ex} + (\theta_r - \Delta\theta_r)\pi_2 p + W_{R\&D}^2$ $-\Delta R + \theta_e \pi_2 p$
$(x,y,1-z)$	$-\theta_g R - C_{gR\&D} - S_g + W_{gd} + W_{gd} * \rho^t + \theta_g \pi_1 p$ $-\theta_r R - C_{tr} - C_{ie}^2 + \gamma S_g + \theta_r \pi_1 p + W_{ie}^2$ 0
$(x,1-y,1-z)$	$-\theta_g R - C_{gR\&D} - S_g + W_{gd} + W_{gd} * \rho^t + \theta_g \pi_2 p$ $-\theta_r R - C_{tr} - C_{rR\&D} + \gamma S_g + \theta_r \pi_2 p + W_{R\&D}^2$ 0
$(1-x,y,1-z)$	$-\theta_g R - C_{gR\&D} - \alpha S_g + \alpha W_{gd} + \theta_g \pi_1 p$ $-\theta_r R - C_{tr} - C_{ie}^2 + \gamma\alpha S_g - \alpha C_{ex} + \theta_r \pi_1 p + W_{ie}^2$ 0
$(1-x,1-y,1-z)$	$-\theta_g R - C_{gR\&D} - \alpha S_g + \alpha W_{gd} + \theta_g \pi_2 p$ $-\theta_r R - C_{tr} - C_{rR\&D} + \gamma\alpha S_g - \alpha C_{ex} + \theta_r \pi_2 p + W_{R\&D}^2$ 0

在同股同权情境下,根据表 6-1 可求得政府部门、科研人才团队、龙头企业的期望收益如下:

设政府部门在长期绩效考核下的收益为 U_{11},短期绩效考核下的收益为 U_{12},则政府部门的平均期望收益为 $\overline{U}_1(\overline{U}_1 = xU_{11} + (1-x)U_{12})$,其中:

$$U_{11} = -\theta_g R - C_{gR\&D} - S_g + W_{gd} + W_{gc} * \rho^t + y\theta_g\pi_1 p + (1-y)\theta_g\pi_1 p - yz\theta_g\pi_1 p - (1-y)z\theta_g\pi_2 p$$

$$U_{12} = -\theta_g R - C_{gR\&D} - \alpha S_g + \alpha W_{gd} + y\theta_g\pi_1 p + (1-y)\theta_g\pi_1 p - yz\theta_g\pi_1 p - (1-y)z\theta_g\pi_2 p$$

设科研人才团队在企业孵化导向研发时的收益为 U_{21},技术服务导向研发时的收益为 U_{22},则科研人才团队的平均期望收益为 $\overline{U}_2(\overline{U}_2 = yU_{21} + (1-y)U_{22})$,其中:

$$U_{21} = -\theta_r R - C_{tr} - C_{ie}^2 + x\gamma S_g + W_{ie}^2 + \theta_r\pi_1 p + (1-x)(\gamma\alpha S_g - \alpha C_{ex}) - z\Delta\theta_r\pi_1 p$$

$$U_{22} = -\theta_r R - C_{tr} - C_{rR\&D} + \theta_r\pi_2 p + W_{R\&D}^2 + x\gamma S_g + (1-x)\gamma\alpha S_g - (1-x)\alpha C_{ex} - z\Delta\theta_r\pi_2 p$$

设龙头企业在参与新型研发机构运营时的收益为 U_{31},不参与时的收益为 U_{32},则龙头企业的平均期望收益为 $\overline{U}_3(\overline{U}_3 = zU_{31} + (1-z)U_{32})$,其中:

$$U_{31} = -\Delta R + y(\theta_e\pi_1 p - R_{ie}^3 + W_{ie}^3) + (1-y)\theta_e\pi_2 p$$

$$U_{32} = 0$$

(1) 复制动态方程求解

根据上文中各主体的期望收益函数,可分别计算得出同股同权情境下与同股不同权情境下的政府部门、科研人才团队与龙头企业的复制动态方程。其中,在同股同权情境下时,三方的复制动态方程如式 6-1~6-3 所示:

$$F_g = dx/dt = x(1-x)(U_{11} - U_{12})$$
$$= x(1-x)[-(1-\alpha)S_g + (1-\alpha)W_{gd} + W_{gc} * \rho^t] \quad (6-1)$$

$$F_r = dy/dt = y(1-y)(U_{21} - U_{22})$$
$$= y(1-y)[C_{rR\&D} - C_{ie}^2 + W_{ie}^2 - W_{R\&D}^2 + \theta_r(\pi)_1 - \pi_2)p - z\theta_r(\pi)_1 - \pi_2)p] \quad (6-2)$$

$$F_e = dz/dt = z(1-z)(U_{31} - U_{32})$$

$$= z(1-z)[-\Delta R + y(\theta_e \pi_1 p - R_{ie}^3 + W_{ie}^3) + (1-y)\theta_e \pi_2 p] \tag{6-3}$$

(2) 三方演化稳定策略分析

为了求解演化博弈的均衡点,需令公式6-1~6-3为0,从而对政府部门、科研人才团队与龙头企业的个体策略渐进稳定性进行分析。

对于政府部门而言,令 $F_g = \mathrm{d}x/\mathrm{d}t = 0$,$x^* = 0, 1$;且 $\frac{\partial F_g}{\partial x} = (1-2x)[-(1-\alpha)S_g + (1-\alpha)W_{gd} + W_{gc} * \rho^t]$。由复制动态微分方程的稳定性定理及演化稳定策略可知,当 $F_g = 0, \frac{\partial F_g}{\partial x} < 0$ 时,x^* 为演化稳定策略。现讨论如下:

① 令 $A_1 = [-(1-\alpha)S_g + (1-\alpha)W_{gd} + W_{gc} * \rho^t] = [(W_{gc} * \rho^t + W_{gd} - S_g) - \alpha(W_{gd} - S_g)]$,当 $A_1 = 0$ 时,$F_g = 0$ 恒成立,这表明所有水平都是稳定状态,即此时政府部门的策略选择比例不会随时间的推移而变化。

② 当 $A_1 > 0$ 时,$\frac{\partial F_g}{\partial x}\Big|_{x=0} > 0, \frac{\partial F_g}{\partial x}\Big|_{x=1} < 0$,$x^* = 1$ 是平衡点,此时,政府通过采取长期绩效考核所获得的长期收益大于采取短期绩效考核所获得的短期收益,因此政府将倾向于采取以长期绩效考核为导向的策略。

③ 当 $A_1 < 0$ 时,$\frac{\partial F_g}{\partial x}\Big|_{x=0} < 0, \frac{\partial F_g}{\partial x}\Big|_{x=1} > 0$,$x^* = 0$ 是平衡点,此时,政府通过采取短期绩效考核所获得的短期收益大于采取长期绩效考核所获得的长期收益,因此政府将倾向于采取以短期绩效考核为导向的策略。

通过上述分析可知,政府部门的策略选择不受科研团队与龙头企业的决策影响,主要考量因素为长短期绩效考核下的政府部门收益 W_{gc} 与 W_{gd}、绩效奖励额度 S_g,以及科研人才团队完成短期绩效考核目标的比例 α 等,即政府部门的策略选择由其自身相关收益决定。

对于科研人才团队而言,令 $F_r = \mathrm{d}y/\mathrm{d}t = 0$ 可知,$y^* = 0, 1$ 或 $z^* = \frac{W_{ie}^2 - C_{ie}^2 - W_{R\&D}^2 + C_{rR\&D} + \theta_r(\pi_1 - \pi_2)p}{\Delta\theta_r(\pi_1 - \pi_2)p}$;且 $\frac{\partial F_r}{\partial y} = (1-2y)[C_{rR\&D} - C_{ie}^2 + W_{ie}^2 - W_{R\&D}^2 + \theta_r(\pi_1 - \pi_2)p - z\theta_r(\pi_1 - \pi_2)p]$。由复制动态微分方程的稳定性定理及演化稳定策略可知,当 $F_r = 0, \frac{\partial F_r}{\partial y} < 0$ 时,y^* 为演化稳定策略。现讨论如下:

① 当 $z = \dfrac{W_{ie}^2 - C_{ie}^2 - W_{R\&D}^2 + C_{rR\&D} + \theta_r(\pi_1 - \pi_2)p}{\Delta\theta_r(\pi_1 - \pi_2)p}$ 时，$F_r = 0$ 恒成立，这表明所有水平都是稳定状态，即此时科研人才团队的策略选择比例不会随时间的推移而变化。

② 当 $\dfrac{W_{ie}^2 - C_{ie}^2 - W_{R\&D}^2 + C_{rR\&D} + \theta_r(\pi_1 - \pi_2)p}{\Delta\theta_r(\pi_1 - \pi_2)p} < 0$ 时，可知，$\dfrac{\partial F_r}{\partial y = 0} < 0$，$\dfrac{\partial F_r}{\partial y = 1} > 0$，$y^* = 0$ 是平衡点，此时，科研人才团队将倾向于采取技术服务导向的研发策略。

③ 当上述两种情况均不符合时，若 $z > \dfrac{W_{ie}^2 - C_{ie}^2 - W_{R\&D}^2 + C_{rR\&D} + \theta_r(\pi_1 - \pi_2)p}{\Delta\theta_r(\pi_1 - \pi_2)p}$ 时，$\dfrac{\partial F_r}{\partial y = 0} < 0$，$\dfrac{\partial F_r}{\partial y = 1} > 0$，$y^* = 0$ 是平衡点，此时，科研人才团队将倾向于采取技术服务导向的研发策略。若 $z < \dfrac{W_{ie}^2 - C_{ie}^2 - W_{R\&D}^2 + C_{rR\&D} + \theta_r(\pi_1 - \pi_2)p}{\Delta\theta_r(\pi_1 - \pi_2)p}$ 时，$\dfrac{\partial F_r}{\partial y = 0} > 0$，$\dfrac{\partial F_r}{\partial y = 1} < 0$，$y^* = 1$ 是平衡点，此时，科研人才团队将倾向于采取企业孵化导向的研发策略。此情况充分说明，科研人才团队选择何种策略与社会资本的策略选择及其自身收益密不可分。

对于龙头企业而言，令 $F_e = \mathrm{d}z/\mathrm{d}t = 0$ 可知，$z^* = 0, 1$ 或 $y^* = \dfrac{\Delta R - \theta_e\pi_2 p}{\theta_r(\pi_1 - \pi_2)p - R_{ie}^3 + W_{ie}^3}$；且 $\dfrac{\partial F_e}{\partial z} = (1 - 2z)[-\Delta R + y(\theta_e\pi_1 p - R_{ie}^3 + W_{ie}^3) + (1-y)\theta_e\pi_2 p]$。由复制动态微分方程的稳定性定理及演化稳定策略可知，当 $F_e = 0$，$\dfrac{\partial F_e}{\partial z} < 0$ 时，z^* 为演化稳定策略。现讨论如下：

① 当 $y = \dfrac{\Delta R - \theta_e\pi_2 p}{\theta_r(\pi_1 - \pi_2)p - R_{ie}^3 + W_{ie}^3}$ 时，$F_e = 0$ 恒成立，这表明所有水平都是稳定状态，即此时龙头企业的策略选择比例不会随时间的推移而变化。

② 当 $\dfrac{\Delta R - \theta_e\pi_2 p}{\theta_r(\pi_1 - \pi_2)p - R_{ie}^3 + W_{ie}^3} < 0$ 时，可知，$\dfrac{\partial F_e}{\partial z = 0} < 0$，$\dfrac{\partial F_e}{\partial z = 1} > 0$，$z^* = 0$ 是平衡点，此时，龙头企业将倾向于不参与新型研发机构运营。

③ 当上述两种情况均不符合时，若 $y > \dfrac{\Delta R - \theta_e\pi_2 p}{\theta_r(\pi_1 - \pi_2)p - R_{ie}^3 + W_{ie}^3}$ 时，$\dfrac{\partial F_e}{\partial z = 0} > 0$，$\dfrac{\partial F_e}{\partial z = 1} < 0$，$z^* = 1$ 是平衡点，此时，龙头企业将倾向于参与新型研

发机构运营。若 $y < \frac{\Delta R - \theta_e \pi_2 p}{\theta_e(\pi_1 - \pi_2)p - R_{ie}^3 + W_{ie}^3}$ 时，$\frac{\partial F_e}{\partial z=0} < 0, \frac{\partial F_e}{\partial z=1} > 0, z^* = 0$ 是平衡点，此时，龙头企业将倾向于不参与新型研发机构运营。此情况充分说明，龙头企业选择何种策略与科研人才团队的策略选择以及自身收益密切相关。

结合上述针对各主体的个体策略稳定性分析，可得系统整体存在 8 个特殊的局部稳定点，即为 $E_1(0,0,0)$，$E_2(0,1,0)$，$E_3(0,0,1)$，$E_4(0,1,1)$，$E_5(1,0,0)$，$E_6(1,1,0)$，$E_7(1,0,1)$，$E_8(1,1,1)$。为了分析复制动态方程平衡点的渐近稳定性，只需讨论复制动态方程中涉及纯策略的均衡点的渐近稳定性，满足条件的均衡点包括 $E1 \sim E8$ 八个点。根据李雅普诺夫（Lyapunov）系统稳定性判别法，当雅可比矩阵的所有特征值都小于零，均衡点是渐近稳定点[149]；当雅可比矩阵的特征值中至少有一个是正数，则均衡点是不稳定的。记雅克比矩阵为 J_{same}，则有：

$$J_{same} = \begin{matrix} J_{11} & J_{12} & J_{13} \\ J_{21} & J_{22} & J_{23} \\ J_{31} & J_{32} & J_{33} \end{matrix}, 其中，$$

$$J_{11} = \frac{\partial F_g}{\partial x} = (1-2x)[-(1-\alpha)S_g + (1-\alpha)W_{gd} + W_{gc} * \rho^t]$$

$$J_{12} = \frac{\partial F_g}{\partial y} = 0$$

$$J_{13} = \frac{\partial F_g}{\partial z} = 0$$

$$J_{21} = \frac{\partial F_r}{\partial x} = 0$$

$$J_{22} = \frac{\partial F_r}{\partial y} = (1-2y)[C_{rR\&D} - C_{ie}^2 + W_{ie}^2 - W_{R\&D}^2 + \theta_r(\pi_1 - \pi_2)p - z\theta_r(\pi_1 - \pi_2)p]$$

$$J_{23} = \frac{\partial F_r}{\partial z} = -y(1-y)\theta_r(\pi_1 - \pi_2)p$$

$$J_{31} = \frac{\partial F_e}{\partial x} = 0$$

$$J_{32} = \frac{\partial F_e}{\partial y} = z(1-z)(\theta_e \pi_1 p - R_{ie}^3 + W_{ie}^3 - \theta_e \pi_2 p)$$

$$J_{33} = \frac{\partial F_e}{\partial z} = (1-2z)[-\Delta R + y(\theta_e \pi_1 p - R_{ie}^3 + W_{ie}^3) + (1-y)\theta_e \pi_2 p]$$

将八个均衡点分别代入矩阵 J_{same}，得到各个均衡点对应的特征值如表 6-2 所示。

表 6-2 同股同权情境下各均衡点对应的特征值

均衡点	特征值 1	特征值 2	特征值 3
$E_1(0,0,0)$	$-(1-\alpha)S_g+(1-\alpha)W_{gd}+W_{gc}*\rho^t$	$C_{rR\&D}-C_{ie}^2+W_{ie}^2-W_{R\&D}^2+\theta_r(\pi_1-\pi_2)p$	$-\Delta R+\theta_e\pi_2 p$
$E_2(0,1,0)$	$-(1-\alpha)S_g+(1-\alpha)W_{gd}+W_{gc}*\rho^t$	$-[C_{rR\&D}-C_{ie}^2+W_{ie}^2-W_{R\&D}^2+\theta_r(\pi_1-\pi_2)p)]$	$-\Delta R+\theta_e\pi_1 p-R_{ie}^3+W_{ie}^3$
$E_3(0,0,1)$	$-(1-\alpha)S_g+(1-\alpha)W_{gd}+W_{gc}*\rho^t$	$C_{rR\&D}-C_{ie}^2+W_{ie}^2-W_{R\&D}^2+\theta_r(\pi_1-\pi_2)p-\Delta\theta_r(\pi_1-\pi_2)p$	$-[-\Delta R+\theta_e\pi_2 p]$
$E_4(0,1,1)$	$-(1-\alpha)S_g+(1-\alpha)W_{gd}+W_{gc}*\rho^t$	$-[C_{rR\&D}-C_{ie}^2+W_{ie}^2-W_{R\&D}^2+\theta_r(\pi_1-\pi_2)p-\Delta\theta_r(\pi_1-\pi_2)p]$	$-[-\Delta R+\theta_e\pi_1 p-R_{ie}^3+W_{ie}^3]$
$E_5(1,0,0)$	$-[-(1-\alpha)S_g+(1-\alpha)W_{gd}+W_{gc}*\rho^t]$	$C_{rR\&D}-C_{ie}^2+W_{ie}^2-W_{R\&D}^2+\theta_r(\pi_1-\pi_2)p$	$-\Delta R+\theta_e\pi_2 p$
$E_6(1,1,0)$	$-[-(1-\alpha)S_g+(1-\alpha)W_{gd}+W_{gc}*\rho^t]$	$-[C_{rR\&D}-C_{ie}^2+W_{ie}^2-W_{R\&D}^2+\theta_r(\pi_1-\pi_2)p]$	$-\Delta R+\theta_e\pi_1 p-R_{ie}^3+W_{ie}^3$
$E_7(1,0,1)$	$-[-(1-\alpha)S_g+(1-\alpha)W_{gd}+W_{gc}*\rho^t]$	$C_{rR\&D}-C_{ie}^2+W_{ie}^2-W_{R\&D}^2+\theta_r(\pi_1-\pi_2)p-\Delta\theta_r(\pi_1-\pi_2)p$	$-[-\Delta R+\theta_e\pi_2 p]$
$E_8(1,1,1)$	$-[-(1-\alpha)S_g+(1-\alpha)W_{gd}+W_{gc}*\rho^t]$	$-[C_{rR\&D}-C_{ie}^2+W_{ie}^2-W_{R\&D}^2+\theta_r(\pi_1-\pi_2)p-\Delta\theta_r(\pi_1-\pi_2)p]$	$-[-\Delta R+\theta_e\pi_1 p-R_{ie}^3+W_{ie}^3]$

由表 6-2 可知，当某一均衡点的雅可比矩阵特征值均为负数时，其为该系统的渐进稳定点，基于此，本文可对均衡点 $E_1\sim E_8$ 的局部稳定性进行分别讨论。

① 在不考虑政府部门注册资本金额的情况下，当其长期绩效考核下的整体收益小于短期绩效考核下的整体收益时，$E1\sim E4$ 均衡点下的雅可比矩阵的特征值 $1:-(1-\alpha)S_g+(1-\alpha)W_{gd}+W_{gc}*\rho^t$ 小于 0。此外，在新型研

发机构建设初期,研发投入周期较长,其回收期相对缓慢,在此阶段新型研发机构整体的创新实力较弱,因此对区域政府部门的回报及区域产业发展影响较小,由此,政府部门所获得的长短期收益可忽略不计(即 $W_{gd}=W_{gc}*\rho^t=0$),在这一阶段,由于 $-(1-\alpha)S_g+(1-\alpha)W_{gd}+W_{gc}*\rho^t$ 恒小于 0,此时雅可比矩阵中的特征值 1 为负数。

② 对于雅可比矩阵中的特征值 2 而言,当科研人才团队在采取企业孵化导向下研发时的收益小于采取技术服务导向下研发的收益时,$E1$、$E3$、$E5$、$E7$ 均衡点下的雅可比矩阵的特征值 2 小于 0;当科研人才团队在采取企业孵化导向下研发时的收益大于采取技术服务导向下研发的收益时,$E2$、$E4$、$E6$、$E8$ 均衡点下的雅可比矩阵的特征值 2 小于 0,即科研人才团队的策略稳定性受其不同策略选择下的损益差值影响。

③ 同理,对于雅可比矩阵中的特征值 3 而言,其稳定性取决于龙头企业在不同策略选择下的损益差值影响。

6.2.2 同股不同权情境下新型研发机构多主体行为协同演化博弈模型构建

根据上述的损益参数假设,可以构建三方演化博弈收益矩阵,为进一步验证同股不同权的合理性及有效性,本文将进一步设计同股不同权情境下的收益矩阵,具体如表 6-3 所示。

表 6-3 同股不同权情境下政府部门、科研人才团队与龙头企业的收益矩阵

策略组合	主体收益
(x,y,z)	$-\theta_g R-C_{gR\&D}-S_g+W_{gd}+W_{gc}*\rho^t+(\theta_g-\Delta\theta_g)(1+\omega)\pi_1 p$ $-\theta_r R-C_{tr}-C_{ie}^2+\gamma S_g+(\theta_r-\Delta\theta_r)(1+\omega)\pi_1 p+W_{ie}^2(1+f)$ $-\Delta R-C_{mr}-R_{ie}^3+\theta_e(1+\omega)\pi_1 p+W_{ie}^3(1+f)+I_{pb}^3$
$(x,1-y,z)$	$-\theta_g R-C_{gR\&D}-S_g+W_{gd}+W_{gc}*\rho^t+(\theta_g-\Delta\theta_g)(1+\omega)\pi_2 p$ $-\theta_r R-C_{tr}-C_{rR\&D}+\gamma S_g+(\theta_r-\Delta\theta_r)(1+\omega)\pi_2 p+W_{R\&D}^2(1+h)$ $-\Delta R-C_{mr}-\theta_e(1+\omega)\pi_2 p+I_{pb}^3$
$(1-x,y,z)$	$-\theta_g R-C_{gR\&D}-\alpha S_g+\alpha W_{gd}+(\theta_g-\Delta\theta_g)(1+\omega)\pi_1 p$ $-\theta_r R-C_{tr}-C_{ie}^2+\gamma\alpha S_g-\alpha C_{ex}+(\theta_r-\Delta\theta_r)(1+\omega)\pi_1 p+W_{ie}^2(1+f)$ $-\Delta R-C_{mr}-R_{ie}^3+\theta_e(1+\omega)\pi_1 p+W_{ie}^3(1+f)+I_{pb}^3$

续表 6-3

策略组合	主体收益
$(1-x, 1-y, z)$	$-\theta_g R - C_{gR\&D} - \alpha S_g + \alpha W_{gd} + (\theta_g - \Delta\theta_g)(1+\omega)\pi_2 p$ $-\theta_r R - C_{tr} - C_{rR\&D} + \gamma\alpha S_g - \alpha C_{ex} + (\theta_r - \Delta\theta_r)(1+\omega)\pi_2 p + W_{R\&D}^2(1+h)$ $-\Delta R - C_{mr} + \theta_e(1+\omega)\pi_2 p + I_{pb}^3$
$(x, y, 1-z)$	$-\theta_g R - C_{gR\&D} - S_g + W_{gd} + W_{gd} * \rho^t + \theta_g \pi_1 p$ $-\theta_r R - C_{tr} - C_{ie}^2 + \gamma S_g + \theta_r \pi_1 p + W_{ie}^2$ 0
$(x, 1-y, 1-z)$	$-\theta_g R - C_{gR\&D} - S_g + W_{gd} + W_{gd} * \rho^t + \theta_g \pi_2 p$ $-\theta_r R - C_{tr} - C_{rR\&D} + \gamma S_g + \theta_r \pi_2 p + W_{R\&D}^2$ 0
$(1-x, y, 1-z)$	$-\theta_g R - C_{gR\&D} - \alpha S_g + \alpha W_{gd} + \theta_g \pi_1 p$ $-\theta_r R - C_{tr} - C_{ie}^2 + \gamma\alpha S_g - \alpha C_{ex} + \theta_r \pi_1 p + W_{ie}^2$ 0
$(1-x, 1-y, 1-z)$	$-\theta_g R - C_{gR\&D} - \alpha S_g + \alpha W_{gd} + \theta_g \pi_2 p$ $-\theta_r R - C_{tr} - C_{rR\&D} + \gamma\alpha S_g - \alpha C_{ex} + \theta_r \pi_2 p + W_{R\&D}^2$ 0

在同股不同权情境下,根据表 6-3 可求得政府部门、科研人才团队、龙头企业的期望收益如下:

设政府部门在长期绩效考核下的收益为 U_{11},短期绩效考核下的收益为 U_{12},则政府部门的平均期望收益为 $\overline{U}_1 (\overline{U}_1 = x U_{11} + (1-x) U_{12})$,其中:

$U_{11} = -\theta_g R - C_{gR\&D} - S_g + W_{gd} + W_{gc} * \rho^t + yz(\theta_g - \theta_g)(1+\omega)\pi_1 p +$
$(1-y)z(\theta_g - \theta_g)(1+\omega)\pi_2 p + y(1-z)\theta_g \pi_1 p + (1-y)(1-z)\theta_g \pi_2 p$

$U_{12} = -\theta_g R - C_{gR\&D} - \alpha S_g + \alpha W_{gd} + yz(\theta_g - \theta_g)(1+\omega)\pi_1 p +$
$(1-y)z(\theta_g - \theta_g)(1+\omega)\pi_2 p + y(1-z)\theta_g \pi_1 p + (1-y)(1-z)\theta_g \pi_2 p$

设科研人才团队在企业孵化导向研发时的收益为 U_{21},技术服务导向研发时的收益为 U_{22},则科研人才团队的平均期望收益为 $\overline{U}_2 (\overline{U}_2 = y U_{21} + (1-y) U_{22})$,其中:

$U_{21} = -\theta_r R - C_{tr} - C_{ie}^2 + x\gamma S_g + z[(\theta_r - \Delta\theta_r)\pi_1(1+\omega)p + W_{ie}^2(1+f)] +$
$(1-x)(\gamma\alpha S_g - \alpha C_{ex}) + (1-z)(\theta_r \pi_1 p + W_{ie}^2)$

$U_{22} = -\theta_r R - C_{tr} - C_{rR\&D} + \theta_r \pi_2 p + x\gamma S_g + x\gamma S_g + (1-x)\gamma\alpha S_g -$

$$(1-x)\alpha C_{ex}+z[(\theta_r-\Delta\theta_r)\pi_2(1+\omega)p+W_{ie}^2(1+f)-$$
$$W_{R\&D}^2(1+h)]+(1-z)[\theta_r\pi_2 p+W_{R\&D}^2]$$

设龙头企业在参与新型研发机构运营时的收益为 U_{31}，不参与时的收益为 U_{32}，则龙头企业的平均期望收益为 $\overline{U}_3(\overline{U}_3=zU_{31}+(1-z)U_{32})$，其中：

$$U_{31}=-\Delta R-C_{mr}+y(\theta_e\pi_1(1+\omega)p-R_{ie}^3+W_{ie}^3(1+f))+$$
$$(1-y)\theta_e\pi_2(1+\omega)p+I_{pb}^3$$

$$U_{32}=0$$

（1）复制动态方程求解

根据上文中各主体的期望收益函数，可分别计算得出同股同权情境下与同股不同权情境下的政府部门、科研人才团队与龙头企业的复制动态方程。其中，在同股同权情境下时，三方的复制动态方程如式 6-4～6-6 所示：

$$F_g'=\mathrm{d}x/\mathrm{d}t=x(1-x)(U_{11}-U_{12})$$
$$=x(1-x)[-(1-\alpha)S_g+(1-\alpha)W_{gd}+W_{gc}*\rho^t] \quad (6-4)$$

$$F_r'=\mathrm{d}y/\mathrm{d}t=y(1-y)(U_{21}-U_{22})$$
$$=y(1-y)[C_{rR\&D}-C_{ie}^2+z(\theta_r-\Delta\theta_r)(\pi_1-\pi_2)(1+\omega)p+W_{ie}^2-$$
$$W_{R\&D}^2+\theta_r(\pi_1-\pi_2)p+z\theta_r(\pi_1-\pi_2)\omega p-$$
$$z\theta_r(\pi_1-\pi_2)(1+\omega)p+zW_{ie}^2f-zW_{R\&D}^2h] \quad (6-5)$$

$$F_e'=\mathrm{d}z/\mathrm{d}t=z(1-z)(U_{31}-U_{32})$$
$$=z(1-z)[-\Delta R-C_{mr}+I_{pb}^3+y(\theta_e\pi_1(1+\omega)p-R_{ie}^3+$$
$$W_{ie}^3(1+f))+(1-y)\theta_e\pi_2(1+\omega)p] \quad (6-6)$$

（2）三方演化稳定策略分析

为了求解演化博弈的均衡点，需令公式 6-4～6-6 为 0，从而对政府部门、科研人才团队与龙头企业的个体策略渐进稳定性进行分析。

对于政府部门而言，令 $F_g=\mathrm{d}x/\mathrm{d}t=0$，$x^*=0,1$；且 $\frac{\partial F_g}{\partial x}=(1-2x)[-(1-\alpha)S_g+(1-\alpha)W_{gd}+W_{gc}*\rho^t]$。由复制动态微分方程的稳定性定理及演化稳定策略可知，当 $F_g=0$，$\frac{\partial F_g}{\partial x}<0$ 时，x^* 为演化稳定策略。现讨论如下：

① 令 $A_1=[-(1-\alpha)S_g+(1-\alpha)W_{gd}+W_{gc}*\rho^t]=[(W_{gc}*\rho^t+W_{gd}-$

$S_g) - \alpha(W_{gd} - S_g)]$,当 $A_1 = 0$ 时,$F_g = 0$ 恒成立,这表明所有水平都是稳定状态,即此时政府部门的策略选择比例不会随时间的推移而变化。

② 当 $A_1 > 0$ 时,$\frac{\partial F_g}{\partial x = 0} > 0$,$\frac{\partial F_g}{\partial x = 1} < 0$,$x^* = 1$ 是平衡点,此时,政府通过采取长期绩效考核所获得的长期收益大于采取短期绩效考核所获得的短期收益,因此政府将倾向于采取以长期绩效考核为导向的策略。

③ 当 $A_1 < 0$ 时,$\frac{\partial F_g}{\partial x = 0} < 0$,$\frac{\partial F_g}{\partial x = 1} > 0$,$x^* = 0$ 是平衡点,此时,政府通过采取短期绩效考核所获得的短期收益大于采取长期绩效考核所获得的长期收益,因此政府将倾向于采取以短期绩效考核为导向的策略。

通过上述分析可知,政府部门的策略选择不受科研团队与龙头企业的决策影响,主要考量因素为长短期绩效考核下的政府部门收益 W_{gc} 与 W_{gd}、绩效奖励额度 S_g,以及科研人才团队完成短期绩效考核目标的比例 α 等,即政府部门的策略选择由其自身相关收益决定。

对于科研人才团队而言,令 $F_r = \mathrm{d}y/\mathrm{d}t = 0$ 可知,$y^* = 0, 1$ 或 $z^* = \frac{-[W_{ie}^2 - C_{ie}^2 - W_{R\&D}^2 + C_{rR\&D} + \theta_r(\pi_1 - \pi_2)p]}{(\theta_r - \Delta\theta_r)(\pi_1 - \pi_2)(1+\omega)p + W_{ie}^2 f - W_{R\&D}^2 h - \theta_r(\pi_1 - \pi_2)p}$;且 $\frac{\partial F_r}{\partial y} = (1 - 2y)[C_{rR\&D} - C_{ie}^2 + z(\theta_r - \Delta\theta_r)(\pi_1 - \pi_2)(1+\omega)p + W_{ie}^2 - W_{R\&D}^2 + \theta_r(\pi_1 - \pi_2)p + z\theta_r(\pi_1 - \pi_2)\omega p - z\theta_r(\pi_1 - \pi_2)(1+\omega)p + zW_{ie}^2 f - zW_{R\&D}^2 h]$。由复制动态微分方程的稳定性定理及演化稳定策略可知,当 $F_r = 0$,$\frac{\partial F_r}{\partial y} < 0$ 时,y^* 为演化稳定策略。现讨论如下:

① 当 $z = \frac{-[W_{ie}^2 - C_{ie}^2 - W_{R\&D}^2 + C_{rR\&D} + \theta_r(\pi_1 - \pi_2)p]}{(\theta_r - \Delta\theta_r)(\pi_1 - \pi_2)(1+\omega)p + W_{ie}^2 f - W_{R\&D}^2 h - \theta_r(\pi_1 - \pi_2)p}$ 时,$F_r = 0$ 恒成立,这表明所有水平都是稳定状态,即此时科研人才团队的策略选择比例不会随时间的推移而变化。

② 当 $\frac{-[W_{ie}^2 - C_{ie}^2 - W_{R\&D}^2 + C_{rR\&D} + \theta_r(\pi_1 - \pi_2)p]}{(\theta_r - \Delta\theta_r)(\pi_1 - \pi_2)(1+\omega)p + W_{ie}^2 f - W_{R\&D}^2 h - \theta_r(\pi_1 - \pi_2)p} < 0$ 时,可知,$\frac{\partial F_r}{\partial y = 0} < 0$,$\frac{\partial F_r}{\partial y = 1} > 0$,$y^* = 0$ 是平衡点,此时,科研人才团队将倾向于采取技术服务导向的研发策略。

③ 当上述两种情况均不符合时,若 $z <$

$\dfrac{-[W_{ie}^2-C_{ie}^2-W_{R\&D}^2+C_{rR\&D}+\theta_r(\pi_1-\pi_2)p]}{\Delta\theta_r(\pi_1-\pi_2)p}$ 时，$\dfrac{\partial F_r}{\partial y}\Big|_{y=0}<0,\dfrac{\partial F_r}{\partial y}\Big|_{y=1}>0,y^*=0$
是平衡点，此时，科研人才团队将倾向于采取技术服务导向的研发策略。若
$z>\dfrac{-[W_{ie}^2-C_{ie}^2-W_{R\&D}^2+C_{rR\&D}+\theta_r(\pi_1-\pi_2)p]}{\Delta\theta_r(\pi_1-\pi_2)p}$ 时，$\dfrac{\partial F_r}{\partial y}\Big|_{y=0}>0,\dfrac{\partial F_r}{\partial y}\Big|_{y=1}<0,y^*$
$=1$ 是平衡点，此时，科研人才团队将倾向于采取企业孵化导向的研发策略。此情况充分说明，科研人才团队选择何种策略与社会资本的策略选择及其自身收益密不可分。

对于龙头企业而言，令 $F_e=\mathrm{d}z/\mathrm{d}t=0$ 可知，$z^*=0,1$ 或 $y^*=$
$\dfrac{\Delta R+C_{mv}-I_{pb}^3-\theta_e\pi_2(1+\omega)p}{\theta_e(\pi_1-\pi_2)(1+\omega)p-R_{ie}^3+W_{ie}^3(1+f)}$；且 $\dfrac{\partial F_e}{\partial z}=(1-2z)[-\Delta R-C_{mv}+I_{pb}^3+$
$y(\theta_e\pi_1(1+\omega)p-R_{ie}^3+W_{ie}^3(1+f))+(1-y)\theta_e\pi_2(1+\omega)p]$。由复制动态微分方程的稳定性定理及演化稳定策略可知，当 $F_e=0,\dfrac{\partial F_e}{\partial z}<0$ 时，z^* 为演化稳定策略。现讨论如下：

① 当 $y=\dfrac{\Delta R+C_{mv}-I_{pb}^3-\theta_e\pi_2(1+\omega)p}{\theta_e(\pi_1-\pi_2)(1+\omega)p-R_{ie}^3+W_{ie}^3(1+f)}$ 时，$F_e=0$ 恒成立，这表明所有水平都是稳定状态，即此时龙头企业的策略选择比例不会随时间的推移而变化。

② 当 $\dfrac{\Delta R+C_{mv}-I_{pb}^3-\theta_e\pi_2(1+\omega)p}{\theta_e(\pi_1-\pi_2)(1+\omega)p-R_{ie}^3+W_{ie}^3(1+f)}<0$ 时，可知，$\dfrac{\partial F_e}{\partial z}\Big|_{z=0}<0$，
$\dfrac{\partial F_e}{\partial z}\Big|_{z=1}>0,z^*=0$ 是平衡点，此时，龙头企业将倾向于不参与新型研发机构运营。

③ 当上述两种情况均不符合时，若 $y>$
$\dfrac{\Delta R+C_{mv}-I_{pb}^3-\theta_e\pi_2(1+\omega)p}{\theta_e(\pi_1-\pi_2)(1+\omega)p-R_{ie}^3+W_{ie}^3(1+f)}$ 时，$\dfrac{\partial F_e}{\partial z}\Big|_{z=0}>0,\dfrac{\partial F_e}{\partial z}\Big|_{z=1}<0,z^*=1$ 是平衡点，此时，龙头企业将倾向于参与新型研发机构运营。若 $y<$
$\dfrac{\Delta R+C_{mv}-I_{pb}^3-\theta_e\pi_2(1+\omega)p}{\theta_e(\pi_1-\pi_2)(1+\omega)p-R_{ie}^3+W_{ie}^3(1+f)}$ 时，$\dfrac{\partial F_e}{\partial z}\Big|_{z=0}<0,\dfrac{\partial F_e}{\partial z}\Big|_{z=1}>0,z^*=0$ 是平衡点，此时，龙头企业将倾向于不参与新型研发机构运营。此情况充分说明，龙头企业选择何种策略与科研人才团队的策略选择以及自身收益密切相关。

结合上述针对各主体的个体策略稳定性分析,可得系统整体存在 8 个特殊的局部稳定点,即为 $E_9(0,0,0)$,$E_{10}(0,1,0)$,$E_{11}(0,0,1)$,$E_{12}(0,1,1)$,$E_{13}(1,0,0)$,$E_{14}(1,1,0)$,$E_{15}(1,0,1)$,$E_{16}(1,1,1)$。为了分析复制动态方程平衡点的渐近稳定性,只需讨论复制动态方程中涉及纯策略的均衡点的渐近稳定性,满足条件的均衡点包括 $E9\sim E16$ 八个点。记雅克比矩阵为 J_{diffe},则有:

$$J_{diffe}=\begin{matrix}J_{11}&J_{12}&J_{13}\\J_{21}&J_{22}&J_{23}\\J_{31}&J_{32}&J_{33}\end{matrix}$$,其中,

$$J_{11}=\frac{\partial F_g}{\partial x}=(1-2x)[-(1-\alpha)S_g+(1-\alpha)W_{gd}+W_{gc}*\rho^t]$$

$$J_{12}=\frac{\partial F_g}{\partial y}=0$$

$$J_{13}=\frac{\partial F_g}{\partial z}=0$$

$$J_{21}=\frac{\partial F_r}{\partial x}=0$$

$$J_{22}=\frac{\partial F_r}{\partial y}$$
$$=(1-2y)[C_{rR\&D}-C_{ie}^2+z(\theta_r-\Delta\theta_r)(\pi_1-\pi_2)(1+\omega)p+W_{ie}^2-W_{R\&D}^2+\theta_r(\pi_1-\pi_2)p+z\theta_r(\pi_1-\pi_2)\omega p-z\theta_r(\pi_1-\pi_2)(1+\omega)p+zW_{ie}^2f-zW_{R\&D}^2h]$$

$$J_{23}=\frac{\partial F_r}{\partial z}=y(1-y)[\theta_r(\pi_1-\pi_2)\omega p-\theta_r(\pi_1-\pi_2)(1+\omega)p+W_{ie}^2f-W_{R\&D}^2h]$$

$$J_{31}=\frac{\partial F_e}{\partial x}=0$$

$$J_{32}=\frac{\partial F_e}{\partial y}=z(1-z)(\theta_e(\pi_1-\pi_2)(1+\omega)p-R_{ie}^3+W_{ie}^3(1+f))$$

$$J_{33}=\frac{\partial F_e}{\partial z}$$
$$=(1-2z)[-\Delta R-C_{mr}+I_{pb}^3+y(\theta_e\pi_1(1+\omega)p-R_{ie}^3+W_{ie}^3(1+f))+(1-y)\theta_e\pi_2(1+\omega)p]$$

将八个均衡点分别代入矩阵 J_{diffe},得到各个均衡点对应的特征值如

表6-4所示：

表6-4 同股不同权情境下各均衡点对应的特征值

均衡点	特征值1	特征值2	特征值3
$E_9(0,0,0)$	$-(1-\alpha)S_g+(1-\alpha)W_{gd}+W_{gc}*\rho^t$	$C_{rR\&D}-C_{ie}^2+W_{ie}^2-W_{R\&D}^2+\theta_r(\pi_1-\pi_2)p$	$-\Delta R-C_{mr}+I_{pb}^3+\theta_e\pi_2(1+\omega)p$
$E_{10}(0,1,0)$	$-(1-\alpha)S_g+(1-\alpha)W_{gd}+W_{gc}*\rho^t$	$-[C_{rR\&D}-C_{ie}^2+W_{ie}^2-W_{R\&D}^2+\theta_r(\pi_1-\pi_2)p]$	$-\Delta R-C_{mr}+I_{pb}^3+\theta_e\pi_1(1+\omega)p-R_{ie}^3+W_{ie}^3(1+f)$
$E_{11}(0,0,1)$	$-(1-\alpha)S_g+(1-\alpha)W_{gd}+W_{gc}*\rho^t$	$C_{rR\&D}-C_{ie}^2+2(\theta_r-\Delta\theta_r)(\pi_1-\pi_2)(1+\omega)p+W_{ie}^2(1+f)-W_{R\&D}^2(1+h)$	$-[-\Delta R-C_{mr}+I_{pb}^3+\theta_e\pi_2(+\omega)p]$
$E_{12}(0,1,1)$	$-(1-\alpha)S_g+(1-\alpha)W_{gd}+W_{gc}*\rho^t$	$-[C_{rR\&D}-C_{ie}^2+2(\theta_r-\Delta\theta_r)(\pi_1-\pi_2)(1+\omega)p+W_{ie}^2(1+f)-W_{R\&D}^2(1+h)]$	$-\Delta R-C_{mr}+I_{pb}^3+\theta_e\pi_1(1+\omega)p-R_{ie}^3+W_{ie}^3(1+f)$
$E_{13}(1,0,0)$	$-[-(1-\alpha)S_g+(1-\alpha)W_{gd}+W_{gc}*\rho^t]$	$C_{rR\&D}-C_{ie}^2+W_{ie}^2-W_{R\&D}^2+\theta_r(\pi_1-\pi_2)p$	$-\Delta R-C_{mr}+I_{pb}^3+\theta_e\pi_2(1+\omega)p$
$E_{14}(1,1,0)$	$-[-(1-\alpha)S_g+(1-\alpha)W_{gd}+W_{gc}*\rho^t]$	$-[C_{rR\&D}-C_{ie}^2+W_{ie}^2-W_{R\&D}^2+\theta_r(\pi_1-\pi_2)p]$	$-\Delta R-C_{mr}+I_{pb}^3+\theta_e\pi_1(1+\omega)p-R_{ie}^3+W_{ie}^3(1+f)$
$E_{15}(1,0,1)$	$-[-(1-\alpha)S_g+(1-\alpha)W_{gd}+W_{gc}*\rho^t]$	$C_{rR\&D}-C_{ie}^2+2(\theta_r-\Delta\theta_r)(\pi_1-\pi_2)(1+\omega)p+W_{ie}^2(1+f)-W_{R\&D}^2(1+h)$	$-[-\Delta R-C_{mr}+I_{pb}^3+\theta_e\pi_2(+\omega)p]$
$E_{16}(1,1,1)$	$-[-(1-\alpha)S_g+(1-\alpha)W_{gd}+W_{gc}*\rho^t]$	$-[C_{rR\&D}-C_{ie}^2+2(\theta_r-\Delta\theta_r)(\pi_1-\pi_2)(1+\omega)p+W_{ie}^2(1+f)-W_{R\&D}^2(1+h)]$	$-[-\Delta R-C_{mr}+I_{pb}^3+\theta_e\pi_1(1+\omega)p-R_{ie}^3+W_{ie}^3(1+f)]$

由表6-4可知，当某一均衡点的雅可比矩阵特征值均为负数时，其为该系统的渐进稳定点，基于此，本文可对均衡点 $E_9 \sim E_{16}$ 的局部稳定性进行分别讨论。

由雅可比矩阵中的各个特征值取值可知，均衡点的局部稳定性主要受政府部门、科研人才团队以及龙头企业在不同策略选择下的收益变化所影响,而各主体的相关损益受新型研发机构整体发展阶段及创新实力的影响,为此,本文将分情况讨论各特征值的正负存在性以及系统的局部稳定性情况。

① 在不考虑政府部门注册资本金额的情况下,当其长期绩效考核下的整体收益小于短期绩效考核下的整体收益时,$E9 \sim E12$ 均衡点下的雅可比矩阵的特征值 1:$-(1-\alpha)S_g+(1-\alpha)W_{gd}+W_{gc}*\rho^t$ 小于 0。此外,在新型研发机构建设初期,研发投入周期较长,其回收期相对缓慢,在此阶段新型研发机构整体的创新实力较弱,因此对区域政府部门的回报及区域产业发展影响较小,由此,政府部门所获得的长短期收益可忽略不计(即 $W_{gd}=W_{gc}*\rho^t=0$),在这一阶段,由于 $-(1-\alpha)S_g+(1-\alpha)W_{gd}+W_{gc}*\rho^t$ 恒小于 0,因此此时雅可比矩阵中的特征值 1 为负数。

② 对于雅可比矩阵中的特征值 2 而言,当科研人才团队在采取企业孵化导向研发时的收益小于采取技术服务导向研发的收益时,$E9$、$E11$、$E13$、$E15$ 均衡点下的雅可比矩阵的特征值 2 小于 0;当科研人才团队在采取企业孵化导向研发时的收益大于采取技术服务导向研发的收益时,$E10$、$E12$、$E14$、$E16$ 均衡点下的雅可比矩阵的特征值 2 小于 0,即科研人才团队的策略稳定性受其不同策略选择下的损益差值影响。

③ 同理,对于雅可比矩阵中的特征值 3 而言,其稳定性取决于龙头企业在不同策略选择下的损益差值影响。

6.2.3 博弈结果的对比分析

通过对比表 6-1 与表 6-3 可发现,同股同权与同股不同权情境下各主体的收益将会发生一定的变化,这是因为除股权外,主体间的控制决策权划分也将影响各主体的参与积极性及角色性质。在同股同权情境下,当保持科研人才团队占大股时,龙头企业的进入只能划分一小部分股权,并不足以撼动科研人才团队的绝对控制权,在这一情境中,龙头企业实质上是新型研发机构中的投资主体之一,无法深入新型研发机构的运营管理与创新决策中,且投资回报也较少,社会资本将没有足够的动力为新型研发机构的创新发展提供足够的市场化资源或相关成果应用信息等。而在同股不同权情境下,虽然龙头企业占据股份较少,但可以通过提高其控制权比例,将其纳入管理运营的核心队伍中,充分发挥和利用其市场化资源与专业的管理水平等,从而使得新型研发机构整体的成果转化或企业孵化等市场化水平得到提升。

通过不同情境下的博弈结果分析可知,各主体的决策选择受多方面因素影响。结合新型研发机构发展的不同阶段,新型研发机构的相关损益参数值将发生巨大变化,由此也将导致不同情境下的博弈结果出现显著差异。在新型研发机构成立初期,前期研发费用与运营资金等投入较大,而研发创新等活动具有一定的周期性,无法实时产生经济效益;而当新型研发机构进入发展后期,随着其各项业务步入正轨,新型研发机构将逐步实现自主造血与持续发展,由此新型研发机构中的各类主体也将获得一定的收益回报。为此,本文将结合新型研发机构不同发展阶段以及不同博弈情境,分析博弈主体的策略选择差异。

当新型研发机构处于建设初期时,由于其成立年限较短,尚未形成成熟的管理机制与运营体系,因此技术研发、企业孵化等业务的开展也处于前期投入阶段,尚未实现有效产出。在此情况下,可假设新型研发机构的运营收益(π_1, π_2)为0,即新型研发机构尚未获得实际收益,且缺乏带动当地产业发展、经济提升等能力,故给政府部门带来的长短期回报(W_{gd}, W_{gc})也将微不足道,即在这一阶段,各主体将以投入扶持新型研发机构运营为主,未能从新型研发机构运营中获取有效收益,相应的,龙头企业也暂时无法从新型研发机构中获取对自身发展有利的资源与技术,即潜在收益I_{pb}^3为0。

在此情况下,不同情境下的演化博弈均衡点稳定性分析如下。在同股同权及同股不同权情境下时,各均衡点的稳定性主要取决于科研人才团队在企业孵化导向研发策略与技术服务导向研发策略中所投入的用于企业孵化或技术服务的成本大小。当为技术研发与成果转化所投入的成本C_{RD}小于为孵化企业所投入的技术、人才、资金等成本C_{ie}时,存在唯一稳定点E_1(0,0,0)。各均衡点的渐进稳定性分析具体如表6-5和表6-6所示。

表 6-5　同股同权情境下的各均衡点稳定性分析

均衡点	特征值 1	特征值 2	特征值 3	特征值符号	稳定性结论
$E_1(0,0,0)$	$-(1-\alpha)S_g$	$C_{rR\&D}-C_{ie}^2$	$-\Delta R$	$(-,-,-)$	ESS
$E_2(0,1,0)$	$-(1-\alpha)S_g$	$-[C_{rR\&D}-C_{ie}^2]$	$-\Delta R-R_{ie}^3$	$(-,+,-)$	不稳定
$E_3(0,0,1)$	$-(1-\alpha)S_g$	$C_{rR\&D}-C_{ie}^2$	ΔR	$(-,-,+)$	不稳定
$E_4(0,1,1)$	$-(1-\alpha)S_g$	$-[C_{rR\&D}-C_{ie}^2]$	$\Delta R+R_{ie}^3$	$(-,+,+)$	不稳定
$E_5(1,0,0)$	$(1-\alpha)S_g$	$C_{rR\&D}-C_{ie}^2$	$-\Delta R$	$(+,-,-)$	不稳定
$E_6(1,1,0)$	$(1-\alpha)S_g$	$-[C_{rR\&D}-C_{ie}^2]$	$-\Delta R-R_{ie}^3$	$(+,+,-)$	不稳定
$E_7(1,0,1)$	$(1-\alpha)S_g$	$C_{rR\&D}-C_{ie}^2$	ΔR	$(+,-,+)$	不稳定
$E_8(1,1,1)$	$(1-\alpha)S_g$	$-[C_{rR\&D}-C_{ie}^2]$	$\Delta R+R_{ie}^3$	$(+,+,+)$	不稳定

表 6-6　同股不同权情境下的各均衡点稳定性分析

均衡点	特征值 1	特征值 2	特征值 3	特征值符号	稳定性结论
$E_1(0,0,0)$	$-(1-\alpha)S_g$	$C_{rR\&D}-C_{ie}^2$	$-\Delta R-C_{mr}$	$(-,-,-)$	ESS
$E_2(0,1,0)$	$-(1-\alpha)S_g$	$-[C_{rR\&D}-C_{ie}^2]$	$-\Delta R-C_{mr}-R_{ie}^3$	$(-,+,-)$	不稳定
$E_3(0,0,1)$	$-(1-\alpha)S_g$	$C_{rR\&D}-C_{ie}^2$	$-[-\Delta R-C_{mr}]$	$(-,-,+)$	不稳定
$E_4(0,1,1)$	$-(1-\alpha)S_g$	$-[C_{rR\&D}-C_{ie}^2]$	$-[-\Delta R-C_{mr}-R_{ie}^3]$	$(-,+,+)$	不稳定
$E_5(1,0,0)$	$(1-\alpha)S_g$	$C_{rR\&D}-C_{ie}^2$	$-\Delta R-C_{mr}$	$(+,-,-)$	不稳定
$E_6(1,1,0)$	$(1-\alpha)S_g$	$-[C_{rR\&D}-C_{ie}^2]$	$-\Delta R-C_{mr}-R_{ie}^3$	$(+,+,-)$	不稳定
$E_7(1,0,1)$	$(1-\alpha)S_g$	$C_{rR\&D}-C_{ie}^2$	$-[-\Delta R-C_{mr}]$	$(+,-,+)$	不稳定
$E_8(1,1,1)$	$(1-\alpha)S_g$	$-[C_{rR\&D}-C_{ie}^2]$	$-[-\Delta R-C_{mr}-R_{ie}^3]$	$(+,+,+)$	不稳定

由表 6-5 与表 6-6 对比分析可知，在新型研发机构成立初期，无论是同股同权情境还是同股不同权情境时，若 $C_{rR\&D}<C_{ie}^2$，则 $E_1(0,0,0)$ 为唯一均衡点，即各主体将会采取（短期绩效考核导向，技术服务导向研发，不参与新型研发机构运营）的决策行为。这一结果表明，在新型研发机构成立早期，新型研发机构的发展运营不受主体间的股权控制权配置影响，且这一制度差异也不会给各主体的绝对收益产生实质影响。同理，若 $C_{rR\&D}>C_{ie}^2$ 时，则 $E_2(0,1,0)$ 为唯一均衡点。

随着新型研发机构的不断发展，其前期的研发投入将逐渐产生一定的收益，从而各类参与主体也将实现部分收益，由此，新型研发机构中的各项收益(运营收益 π_1, π_2;政府的长短期绩效回报 W_{gd}, W_{gc};科研人才团队的企业孵化与技术研发收益 $W_{ie}^2, W_{R\&D}$;龙头企业的企业孵化投资收益与潜在收益 W_{ie}^3, I_{fb}^3)均大于0。在此情况下,均衡点的渐进稳定性分析将较为复杂,存在以下几类情况:

当新型研发机构尚未实现自主造血,即新型研发机构收益相比各主体的研发投入而言较小时,若孵化型新型研发机构的收益大于技术研发型新型研发机构收益,则不同情境下各均衡点的渐进稳定性如表6-7所示。

表6-7 不同情境下的各均衡点稳定性分析一

均衡点	同股同权情境		同股不同权情境	
	特征值符号	稳定性结论	特征值符号	稳定性结论
$E_1(0,0,0)$	$(-,+,-)$	不稳定	$(-,+,-)$	不稳定
$E_2(0,1,0)$	$(-,-,-)$	ESS	$(-,-,-)$	ESS
$E_3(0,0,1)$	$(-,+,+)$	不稳定	$(-,+,+)$	不稳定
$E_4(0,1,1)$	$(-,-,+)$	不稳定	$(-,-,+)$	不稳定
$E_5(1,0,0)$	$(+,+,-)$	不稳定	$(+,+,-)$	不稳定
$E_6(1,1,0)$	$(+,-,-)$	不稳定	$(+,-,-)$	不稳定
$E_7(1,0,1)$	$(+,+,+)$	不稳定	$(+,+,+)$	不稳定
$E_8(1,1,1)$	$(+,-,+)$	不稳定	$(+,-,+)$	不稳定

由表6-7可知,随着新型研发机构的不断发展,各个参与主体投入的成本将获得一定的收益回报,但由于新型研发机构的属性特征,其主要依靠技术研发与转化或企业孵化来获利,而这些又依赖于技术成果的转化效率或所孵化企业的营收情况,以及新型研发机构所拥有的市场化资源等情况,由此可知,新型研发机构实现自主营收需要一定的运营周期和一定的研发创新能力。当其刚步入发展正轨时,多元建设主体仍以资源投入为主,为此,在这一情形下,政府部门、科研人才团队及龙头企业的最佳策略组合为短期绩效考核为主、企业孵化导向研发、不参与,即社会资本由于无法获取足额的收益而缺少参与动力。

随着新型研发机构在发展过程中不断蓄积创新资源,开拓市场化转化渠道,其将逐渐提升自身收益及其所孵化企业的收益,从而实现自主造血与市场化运营,各参与主体也将获益于此,从而实现主体自身的价值增值。在这一阶段,虽然因新型研发机构需要长期可持续性的研发资金投入而将大部分收益投入新型研发机构创新进程中,导致各类参与主体直接从股权分红中获益较少,但是部分参与主体可以通过参股等形式投资参与孵化企业运营,从而可获得潜在收益及孵化企业相关收益,增加了自身的收益来源。对此,不同情境下各均衡点的渐进稳定性如表6-8与表6-9所示(其中,条件①为孵化型新型研发机构的收益小于技术研发型新型研发机构收益情形,条件②为孵化型新型研发机构的收益大于技术研发型新型研发机构收益)。

表6-8 不同情境下的各均衡点稳定性分析二

均衡点	同股同权情境①		同股不同权情境①	
	特征值符号	稳定性结论	特征值符号	稳定性结论
$E_1(0,0,0)$	(+,−,−)	不稳定	(+,−,+)	不稳定
$E_2(0,1,0)$	(+,+,−)	不稳定	(+,+,+)	不稳定
$E_3(0,0,1)$	(+,−,+)	不稳定	(+,−,−)	不稳定
$E_4(0,1,1)$	(+,+,+)	不稳定	(+,+,+)	不稳定
$E_5(1,0,0)$	(−,−,−)	ESS	(−,−,+)	不稳定
$E_6(1,1,0)$	(−,+,−)	不稳定	(−,+,+)	不稳定
$E_7(1,0,1)$	(−,−,+)	不稳定	(−,−,−)	ESS
$E_8(1,1,1)$	(−,+,+)	不稳定	(−,+,−)	不稳定

表6-9 不同情境下的各均衡点稳定性分析三

均衡点	同股同权情境②		同股不同权情境②	
	特征值符号	稳定性结论	特征值符号	稳定性结论
$E_1(0,0,0)$	(+,+,−)	不稳定	(+,+,+)	不稳定
$E_2(0,1,0)$	(+,−,−)	不稳定	(+,−,+)	不稳定
$E_3(0,0,1)$	(+,+,+)	不稳定	(+,+,−)	不稳定
$E_4(0,1,1)$	(+,−,+)	不稳定	(+,−,−)	不稳定
$E_5(1,0,0)$	(−,+,−)	不稳定	(−,+,+)	不稳定

续表 6-9

均衡点	同股同权情境②		同股不同权情境②	
	特征值符号	稳定性结论	特征值符号	稳定性结论
$E_6(1,1,0)$	(−,−,−)	ESS	(−,−,+)	不稳定
$E_7(1,0,1)$	(−,+,+)	不稳定	(−,+,−)	不稳定
$E_8(1,1,1)$	(−,−,+)	不稳定	(−,−,−)	ESS

由表 6-8 与表 6-9 可知，当新型研发机构逐渐实现自主造血时，不同博弈情境下的政府部门、科研人才团队和社会资本的策略选择将发生一定程度的变化，且两类情境下的最优策略组合存在一定的差异。对于政府部门而言，无论是同股同权情境还是同股不同权情境下，随着新型研发机构的营收不断增长，其将逐渐由短期绩效考核转为长期绩效考核，更为注重新型研发机构的可持续性创新能力及其发展情况。对于科研人才团队而言，其策略选择受政府部门、龙头企业的策略选择及其自身受益变化的影响，总体而言，科研人才团队策略选择与新型研发机构的业务主导方向、获利方式、所拥有的差异化市场资源等因素相关，当新型研发机构整体定位为偏孵化型时，科研人才团队除了获得正常的收益回报以外，还将通过参与或兼职进入所孵化的企业参与运营等方式，从而获得额外的收益回报，由此导致因企业孵化所获得的收益大于因技术研发所获得的收益，从而科研人才团队倾向于采取企业孵化导向的研发策略，反之亦然。对于龙头企业而言，其在同股同权情境下和同股不同权情境下的策略选择存在较大差异，当同股同权情境下时，龙头企业的参与仅能瓜分一小部分股权，因此其不具有对新型研发机构的控制决策权，此时，龙头企业将仅为新型研发机构中的投资主体之一，未能真正参与到新型研发机构的重要运营决策与研发策略等方面；而当处于同股不同权情境下时，龙头企业的参与不仅会获得相应的股权分红收益，还因部分参与孵化企业运营而获得相应的收益以及从新型研发机构中获取到龙头企业自身所需技术等资源而产生的潜在收益。

综上，随着新型研发机构的不断发展，在不同情境下各类参与主体的最优策略选择将受自身收益变化、其他参与主体的策略选择差异等方面的影响，而最终演化成不同的策略选择趋势。为此，若想要实现三方主体积极参与，注重新型研发机构的可持续性发展，可有针对性地设计股权分离情境与制度以及调节相应的影响因素来调整主体间的策略组合状态。

6.3 面向多主体目标协同的新型研发机构股权-控制权配置结构优化问题研究

根据上述研究可知,在不同的股权结构情形下,三方参与主体的行为策略也存在差异。为探寻新型研发机构不同发展阶段的最优股权结构,以实现整体可持续发展,本节立足于多主体目标协同这一重要前提,选取南京作为典型案例,分析新型研发机构的最优股权-控制权优化结构配置,为找寻长效发展机制奠定理论基础。

6.3.1 问题描述与模型假设

新型研发机构作为国家创新发展战略的重要载体,通过集聚政府部门、科研人才团队、社会资本等多元建设及创新主体,整合技术、人才、资金等各类创新资源,共同构成面向科技创新与成果转化、市场化运营与自主造血、人才集聚与产业培育等多维功能定位,共同创造社会价值与经济价值。而随着新型研发机构发展阶段的不断推进,各类主体在不同阶段所发挥的作用也有所不同,各阶段新型研发机构所倚重的创新资源亦不同,各主体间也将形成不同形式的资源依赖与合作关系。就政府部门而言,相关政策法规和公共财政资金支撑新型研发机构由建设期快速向运营成长期转变;当新型研发机构进入运营成熟期后,政府部门可逐渐退出,向市场主导模式切换。对于科研人才团队,其所拥有的创新技术及研发专利、高水平研发人才是新型研发机构实现科技创新和成果转化的不可或缺的核心资源。随着新型研发机构逐步由建设期向运营期迈进,社会资本所拥有的产品市场资源和资金优势也成为新型研发机构所需的关键资源。由此,不同主体通过各类创新资源间的交互与整合,共同推动新型研发机构发展阶段演进。

随着新型研发机构不断发展,多主体间的股权-控制权配置关系随着时间的推移而进行调整和优化,由此形成动态演化过程。在 $t=0$ 时刻,各类主体根据出资比例确定股权结构,而控制权依附于各主体股权比例而确定,比例越高,则在机构内部掌握相对控制权;在 $t=1$ 时刻,各类参与主体根据各自股权结构选择最优的资金、技术、人才等资源投入比例,推动新型研发机构运营发展;在 $t=2$ 时刻,新型研发机构通过整合多方资源,实现产值增值及创新成果产出等收益,同时,各类主体根据各自股权比例分配个体收益,并可与各主体预期收益进行对比,若实际收益与预期不符,可在下一轮进行谈判和股权结构调整;在 $t=3$ 时刻,各方主体根据预期收益与实际收益差进行调整,重新协商股权结构比例,此时,可通过设定同股不同权形式,结合新型研发机构阶段性目标调整股权、控制权的非对称配置结构;在 $t=4$ 时刻,机构整体优化目标实现。具体如图 6-2 所示。

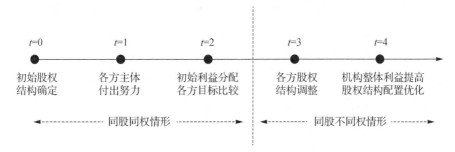

图 6-2 新型研发机构多主体间的股权结构动态优化配置过程

根据上文描述,针对新型研发机构目标衡量、阶段性目标划分、股权与控制权做如下假设:

假设 1,关于新型研发机构目标产出:构建价值创造函数进行衡量。新型研发机构作为一类集技术研发、企业孵化、人才集聚为一体的新型法人单位,其通过纳入政府部门、科研人才团队、社会资本等社会性主体与逐利性主体,整合与推动新型研发机构整体的社会价值与经济价值创造与提升。因此,本文构建价值创造函数衡量各类主体创新资源投入所带来的新型研发机构目标产出成效。

假设 2,关于新型研发机构阶段性目标划分依据:选取要素投入贡献率作为衡量指标。新型研发机构具有社会价值与经济价值创造的协同价值共创目标,而在新型研发机构不同发展阶段,因自身发展需求、参与主体类型以及创新资源投入等差异,社会价值与经济价值提升水平也将有所不同,因而体现出新型研发机构不同发展阶段的发展目标差异。即新型研发机构阶段性目标更迭表现为各类主体间的技术、人才、资金等不同创新资源的交互整合关系变化,通过比较各类创新资源变化与新型研发机构价值提升水平间的相对关系,可反映出各主体创新资源投入对新型研发机构整体价值水平提升的相对重要性,进而反映出新型研发机构在发展过程中对社会价值创造和经济价值创造的偏向性。对此,本文用要素投入贡献率,一种用以衡量要素投入变动对产出增长率贡献程度的指标[158],来作为新型研发机构阶段性目标变更的依据,要素投入贡献率越大,表示这一阶段该资源投入对新型研发机构价值增长水平的作用越大。

假设3,关于新型研发机构股权与控制权结构的参数设定。本文假设政府部门(GN)、科研人才团队(TN)和社会资本(SC),各类主体依据各自注册资本确定相应的股权比例为a、b、c,且满足$a+b+c=1$。在同股不同权情形下,各类主体的股权比例不等同于控制权比例,此时,假设新型研发机构为双重股权结构①,存在A、B两种类型股份,其中,A类股为低投票权股票,一股具有一票投票权,而B类股为高投票权股票,假设一股具有2~10票投票权。由此,进一步假设政府部门(GN)、科研人才团队(TN)和社会资本(SC)各主体最终掌握的控制权分别为n_1a、n_2b、n_3c,其中,n_1、n_2、$n_3 \in [1,10]$且均为整数,具体数值将根据模型不同情形进行调节。

6.3.2 基于扩展C-D生产函数的新型研发机构价值创造函数构建及资源投入贡献率测算

新型研发机构的价值创造与提升受各类主体要素投入贡献率的综合作用影响。且在同一组织内部,各方参与主体的收益分配以各主体投入的生产要素贡献为基础,按生产要素分配是参与主体所有权与占有权在经济上的体现[159]。关于生产要素贡献测度,现有研究较多运用Cobb-Douglas生产函数(以下简称C-D生产函数)或索洛余值法进行测算,其中,C-D生产函数用于从总量上测度各类要素的投入份额与贡献;而索洛在此基础之上进一步引入综合要素生产率的概念,延伸了要素贡献率的测算与应用[160-161]。基于此,本文在借鉴已有研究的基础上,基于扩展的C-D生产函

---

① 双重股权结构是指将公司的股票分高、低两种投票权,高投票权的股票每股具有2至10票的投票权,而低投票权的股票通常为一股一票或没有投票权。

数构建新型研发机构价值创造函数,用以测度各类参与主体的创新资源投入贡献率。新型研发机构价值创造函数如式6-7所示:

$$V = Y(P, I, F) = AP^{\alpha}I^{\beta}F^{\gamma} \quad (6-7)$$

式中,V为新型研发机构价值,即各类主体间创造的社会价值与经济价值的综合衡量;P、I、F分别为政府部门(GN)、科研人才团队(TN)和社会资本(SC)用以实现社会价值与经济价值而投入的财政支持资源、技术创新资源、运营资金资源,α、β、γ为各类主体创新投入的弹性系数,弹性系数越大,各类创新投入的相对产出效率也越高。对式6-7进行变换并求微分可得式6-8和6-9:

$$\ln V = \ln A + \alpha \ln P + \beta \ln I + \gamma \ln F \quad (6-8)$$

$$\frac{dV}{V} = \frac{dA}{A} + \alpha \frac{dP}{P} + \beta \frac{dI}{I} + \gamma \frac{dF}{F} \quad (6-9)$$

式中,dV/V表示新型研发机构价值提升率,dA/A表示综合要素产出率增长率,dP/P表示政府部门(GN)财政资源投入增长率,dI/I表示科研人才团队(TN)技术创新资源投入增长率,dF/F表示社会资本(SC)资金资源投入增长率。由此可建立各要素投入与新型研发机构价值创造函数间的关系式如下:

$$D(P) = \alpha \frac{dP/P}{dV/V}, \quad D(I) = \beta \frac{dI/I}{dV/V}, \quad D(F) = \gamma \frac{dF/F}{dV/V} \quad (6-10)$$

进一步由差分代替微分并结合式6-9~6-10,转换得到综合要素产出率的平均增长率,见式6-11:

$$\frac{\Delta A}{A} = \frac{\Delta V}{V} - \alpha \frac{\Delta P}{P} - \beta \frac{\Delta I}{I} - \gamma \frac{\Delta F}{F} \quad (6-11)$$

同时,式6-11也为索洛增长率方程,$\frac{\Delta A}{A}$、$\frac{\Delta P}{P}$、$\frac{\Delta I}{I}$、$\frac{\Delta F}{F}$表示相应要素的平均增长率,$\frac{\Delta V}{V}$表示新型研发机构价值提升率,那么,综合要素产出率对新型研发机构价值提升的贡献为:

$$D(A) = \frac{\Delta A/A}{\Delta V/V} = \frac{\left(\frac{\Delta V}{V} - \alpha \frac{\Delta P}{P} - \beta \frac{\Delta I}{I} - \gamma \frac{\Delta F}{F}\right)}{\Delta V/V} \quad (6-12)$$

根据上文观点,按生产要素分配是凭借要素所有权和占有权来获取和分配收益,而综合要素产出率受三类参与主体的共同影响,因此,本文中的综合要素产出率对新型研发机构价值提升的贡献需进一步按照各类参与主体要素投入贡献率比例进行分解，进而得到各参与主体的要素贡献率，具体如式6-13~6-15所示：

$$D'(P)=D(P)+\frac{D(P)}{D(P)+D(I)+D(F)}*D(A) \quad (6-13)$$

$$D'(I)=D(I)+\frac{D(I)}{D(P)+D(I)+D(F)}*D(A) \quad (6-14)$$

$$D'(F)=D(F)+\frac{D(F)}{D(P)+D(I)+D(F)}*D(A) \quad (6-15)$$

6.3.3 基于股权与控制权协调配置的新型研发机构价值分配模型

由合作博弈理论可知，各类主体在合作过程中会产生合作剩余，本文参与主体主要包括政府部门（GN）、科研人才团队（TN）和社会资本（SC）三方，由此构成新型研发机构价值创造函数组成如下式所示：

$$V=V_1+V_2+V_3+E \quad (6-16)$$

式中，V为上述新型研发机构价值，V_1、V_2、V_3分别为政府部门（GN）、科研人才团队（TN）和社会资本（SC）三方参与新型研发机构运营后获得的基础性社会价值或经济价值，令$V_1+V_2+V_3=V_0$，E为通过优化三方主体间的股权-控制权配置结构所获得的剩余价值，即新型研发机构价值包括各类参与主体的基础社会或经济价值和剩余价值两部分。其中，基础社会或经济价值是参与主体通过自身努力和资源投入获得的基本收益，而剩余价值则是通过多主体间股权-控制权协调配置，进而实现新型研发机构技术创新与产出增值双向发展的增值收益，如通过调整股权-控制权配置结构，在激发科研人才团队的创新积极性的同时，吸引社会资本参与运营带动新型研发机构实现市场化运营和自主造血，从而实现整体收益增值。具体的，E的大小既与三方主体投入的财政资源、技术创新资源、运营资金等资源的贡献率正相关；也受新型研发机构发展基础，即新型研发机构基础性社会与经济价值的影响，基础性价值越大，表明新型研发机构创新实力和发展潜力越大，相应的，剩余价值也越大。在本文中，将上述政府部门（GN）、科研人才团队（TN）和社会资本（SC）三方参与主体资源投入的贡献率分别用ρ_1、κ_2、

η_3 代替,即 $\rho_1=D'(P),\kappa_2=D'(I),\eta_3=D'(F)$。由此,可得到新型研发机构合作剩余价值的公式如下:

$$E=V_0(\rho_1 * \kappa_2 * \eta_3) \tag{6-17}$$

而针对新型研发机构剩余价值分配,其作为一种合作剩余收益,与各参与主体在新型研发机构中所掌握的相对控制权有关,控制权越大,其获得剩余价值的动机和能力越强。由此,各类参与主体的个体价值创造函数表示如下:

$$W_1 = V_1 + \theta_1 V_0(\rho_1 * \kappa_2 * \eta_3), \theta_1 = n_1 a/(n_1 a + n_2 b + n_3 c) \tag{6-18}$$

$$W_2 = V_2 + \theta_2 V_0(\rho_1 * \kappa_2 * \eta_3), \theta_2 = n_2 b/(n_1 a + n_2 b + n_3 c) \tag{6-19}$$

$$W_3 = V_3 + \theta_3 V_0(\rho_1 * \kappa_2 * \eta_3), \theta_3 = n_3 c/(n_1 a + n_2 b + n_3 c) \tag{6-20}$$

式中,W_1、W_2、W_3 分别为政府部门(GN)、科研人才团队(TN)和社会资本(SC)创造的个体社会或经济价值;θ_1、θ_2、θ_3 为三类主体针对剩余价值的分配比例,且 $\theta_1+\theta_2+\theta_3=1$。

各类主体在新型研发机构运营过程中会存在一定的投入努力成本,且投入努力成本与各自创新投入有关,令各类主体的投入努力成本为 $C_{GN}=\frac{1}{2}(\mu_1\rho_1)^2$,$C_{TN}=\frac{1}{2}(\mu_2\kappa_2)^2$,$C_{SC}=\frac{1}{2}(\mu_3\eta_3)^2$,均满足成本函数边际递增且凸的假设。其中,$\mu_1$、$\mu_2$、$\mu_3$ 分别为政府部门(GN)、科研人才团队(TN)和社会资本(SC)的资源投入努力成本系数,均为大于 0 的常数;而式中加入 1/2,是为了后续运算化简的方便,并不影响各变量间的实际函数关系。由此,便可计算得出新型研发机构整体及各类参与主体的价值创造函数表达式,具体如式 6-21~6-24 所示。

$$\pi=V_1+V_2+V_3+V_0(\rho_1 * \kappa_2 * \eta_3)-\frac{1}{2}(\mu_1\rho_1)^2-\frac{1}{2}(\mu_2\kappa_2)^2-\frac{1}{2}(\mu_3\eta_3)^2 \tag{6-21}$$

$$\pi_1=V_1+\frac{n_1 a}{n_1 a+n_2 b+n_3 c}V_0(\rho_1 * \kappa_2 * \eta_3)-\frac{1}{2}(\mu_1\rho_1)^2 \tag{6-22}$$

$$\pi_2=V_2+\frac{n_2 b}{n_1 a+n_2 b+n_3 c}V_0(\rho_1 * \kappa_2 * \eta_3)-\frac{1}{2}(\mu_2\kappa_2)^2 \tag{6-23}$$

$$\pi_3=V_3+\frac{n_3 c}{n_1 a+n_2 b+n_3 c}V_0(\rho_1 * \kappa_2 * \eta_3)-\frac{1}{2}(\mu_3\eta_3)^2 \tag{6-24}$$

由式 6-21～6-24 可知，各类参与主体的个体价值不仅受自身要素及投入努力成本的影响，还受其他主体创新资源投入贡献的影响。因此，为实现新型研发机构价值提升，参与主体间需互相考虑各方收益，以更好地实现自身创新产出目标。

6.3.4 模型求解与面向南京案例的数值仿真分析

（1）模型求解

为寻求最佳的股权-控制权配置结构，需在求出最优参与主体资源投入贡献基础上进行分析。对此，首先假设新研中各类参与主体间的股权-控制权配置结构是事先确定的，接下来各方主体会根据各自的股权-控制权比例选择自身的资源投入，而本文中，用各参与主体对新型研发机构价值的要素投入贡献率这一参数衡量各参与主体选择的资源投入情况。由此，以下分别对各参与主体价值创造函数对各自资源投入贡献率进行求导，并得出：

$$\rho_1^* = \frac{(n_1 a + n_2 b + n_3 c)\mu_2 \mu_3}{\sqrt{n_2 n_3 bc}} \qquad (6-25)$$

$$\kappa_2^* = \frac{(n_1 a + n_2 b + n_3 c)\mu_1 \mu_3}{\sqrt{n_1 n_3 ac}} \qquad (6-26)$$

$$\eta_3^* = \frac{(n_1 a + n_2 b + n_3 c)\mu_1 \mu_2}{\sqrt{n_1 n_2 ab}} \qquad (6-27)$$

对式 6-25～6-27 进行分析可得，各类参与主体的最佳资源投入贡献率不仅与自身股权-控制权占比有关，也受其他主体股权-控制权结构及资源投入努力成本系数的影响。其中，参与主体为实现自身价值最大化所进行的资源投入与自身股权-控制权比例成正比，与其他主体的努力成本系数成反比。此外，参与主体自身价值创造还受其他主体股权-控制权结构比例的非线性影响。

将式 6-25～6-27 代入式 6-21～6-24 中，求出各参与主体最佳资源投入下所创造的个体价值表达式：

$$\pi^* = V_1 + V_2 + V_3 + \frac{1}{2}V_0 * \frac{(n_1 a + n_2 b + n_3 c)^3 \mu_1^2 \mu_2^2 \mu_3^2}{n_1 a * n_2 b * n_3 c} \qquad (6-28)$$

$$\pi_1^* = V_1 + \frac{1}{2}V_0 * \frac{(n_1 a + n_2 b + n_3 c)^2 \mu_1^2 \mu_2^2 \mu_3^2}{n_2 b * n_3 c} \qquad (6-29)$$

$$\pi_2^* = V_2 + \frac{1}{2}V_0 * \frac{(n_1a+n_2b+n_3c)^2 \mu_1^2 \mu_2^2 \mu_3^2}{n_1a * n_3c} \quad (6-30)$$

$$\pi_3^* = V_3 + \frac{1}{2}V_0 * \frac{(n_1a+n_2b+n_3c)^2 \mu_1^2 \mu_2^2 \mu_3^2}{n_1a * n_2b} \quad (6-31)$$

通过求解可知,新型研发机构价值提升与各类参与主体的股权-控制权结构有关,探寻合理的股权-控制权结构比例,对于新型研发机构整体发展至关重要。

根据假设 2,通过对比各主体创新资源投入对新型研发机构价值提升的贡献率,可划分新型研发机构价值创造过程的阶段性目标。由于各主体的要素投入贡献率与股权-控制权结构配置有关,因此,本文通过对比式 6-25～6-27 的取值大小,分析股权-控制权配置结构与新型研发机构阶段性目标间的交互关系,具体如图 6-3 所示。

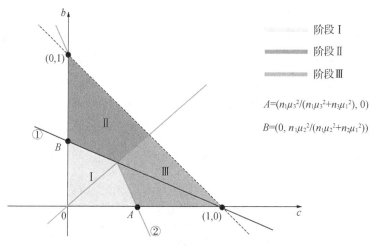

图 6-3 股权-控制权配置结构与新型研发机构阶段性目标间的交互关系示意图

由图 6-3 可知,可将新型研发机构划分为以下三个阶段:在阶段Ⅰ,政府部门的财政资金投入对新型研发机构价值提升贡献最大,这一阶段为新型研发机构建设初期,以基础研究奠定技术基础和提升社会价值为主;在阶段Ⅱ,科研人才团队的技术、人才等创新资源投入对新型研发机构价值提升贡献最大,这一阶段为新型研发机构建设运营成长期,以科技创新与成果转化为主,在注重社会价值加速提升的同时,也带动经济价值创造;在阶段Ⅲ,社会资本的市场化资源与运营资本对新型研发机构价值提升贡献最大,这一阶段为新型研发机构高质量发展运营期,进一步突出市场化运营与自主造血的经济价值创造目标。

(2) 面向南京案例的数值仿真模拟与分析

在新型研发机构发展过程中,内部主体间的控制权将随着机构创新发展进程和个体价值转变而发生相应的变化,为寻求合理的股权-控制权结构关系,需将新型研发机构价值与各类参与主体个体价值纳入同一分析框架,进行综合衡量。而由式6-22~6-25可知,新型研发机构及各类主体收益受多种参数共同影响,运用数理分析难以找寻不同参数与价值创造函数的复杂交互关系。因此,下文将结合MATLAB R2021a进行数值仿真。

南京作为开展新型研发机构建设较早的城市,全市在新型研发机构建设方面取得了一定成效,也具有一定的代表性,因此本文结合南京市新型研发机构相关数据,对新型研发机构价值、参与主体个体价值、初始股权结构等进行初始设定。其中,运用全市2020年度新型研发机构平均营业收入额作为新型研发机构价值的衡量指标,截至2020年,共有409家机构顺利落地运营,实现总营收432 327.3万元,平均每一机构实现营收约1 057万元。针对股权初始设定,结合南京市新型研发机构股权结构情况,一般为政府部门(GN)10%以下、科研人才团队(TN)60%左右、社会资本(SC)30%左右。针对各参与主体资源投入努力程度,本文设置同一初始值为0.5。具体仿真参数初始值见表6-10所示。

表6-10 仿真参数初始值

V_0	V_1	V_2	V_3	a	b	c	μ_1	μ_2	μ_3
1 057	106	634	317	8%	61%	31%	0.5	0.5	0.5

为进一步寻求新型研发机构在不同阶段下的最优股权-控制权配置结构,本文分别通过调节多主体间的股权、控制权结构,深入解析其对新型研发机构价值的影响。而随着新型研发机构的不断发展,科研人才团队与社会资本的重要性将日益凸显,政府部门作为扶持型主体,最终将逐渐退出新型研发机构,即科研人才团队和社会资本将是新型研发机构进入运营期实现可持续发展的关键性主体。由此,接下来将重点围绕科研人才团队与社会资本间的股权、控制权结构问题展开研究,其中,令政府部门的股权结构

$a=1-b-c$。

① 同股同权情形下,股权结构变动对新型研发机构价值及各类主体个体价值的影响

当新型研发机构采取同股同权结构($n_1=n_2=n_3=1$)时,随着各主体股权结构的变动,新型研发机构价值在多数情况下变动较小,但当三方主体占股比例较为悬殊时,新型研发机构价值将出现陡增趋势,即当政府部门(GN)、社会资本(SC)和科研人才团队(TN)中任意一方占据90%以上股份,而剩余两方股权占比趋向于0时,新型研发机构价值将分别达到15 856、12 400、12 400(见图6-4中A、B、C点)等极端值,且都高于股权结构较为均衡时的收益值(如图6-4中D点)。同时,分阶段来看,新型研发机构价值受各阶段主导性主体的股权变动的影响,当某一阶段主导性主体的股权逐渐增大时,新型研发机构整体收益也将逐渐增大。当政府部门(GN)占比90%以上时,新型研发机构价值实现最大化,这反映出,同股同权的股权-控制权配置结构情形适用于政府部门主导的新型研发机构建设发展初期(具体如图6-4所示)。

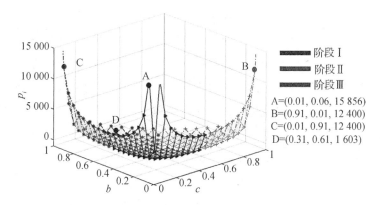

图6-4 同股同权下的股权结构变动与新型研发机构价值变化趋势图

通过对比各类主体个体价值(如图6-5所示),在同股同权情形下,主体间个体价值绝对值在大多数情况下均呈现"科研人才团队>政府部门>社会资本"关系,只有当政府部门或社会资本的股权比例占据90%时,才可成为个体价值最大者。这也反映出,在新型研发机构现实发展中,同股同权的股权-控制权结构难以在较少的股权比例下吸引社会资本积极参与。而对

比图6-4与图6-5可知,新型研发机构价值变化区域与各主体个体价值变化趋势具有一致性,当某一主体实现个体价值加速提升时,该主体主导阶段下的新型研发机构价值也将呈现相似变化趋势。

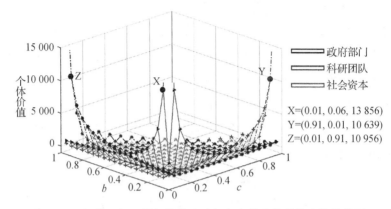

图6-5 同股同权下股权结构变动与各主体个体价值变化趋势图

② 不同控制权设定下,股权结构变动对新型研发机构价值动态变化分析

为进一步寻求不同阶段下的最佳股权-控制权配置结构,本文分别通过调节多主体间的股权、控制权结构,深入解析其对新型研发机构价值的影响。由于政府部门作为扶持型主体,最终将逐渐退出新型研发机构,而科研人才团队和社会资本将是新型研发机构进入运营期实现可持续发展的关键性主体,据此,本文分别针对科研人才团队掌握 B 股情形和社会资本掌握 B 股情形下的不同主体间股权结构变动对新型研发机构价值影响作用进行分析,具体如图6-6~6-9和表6-11所示。

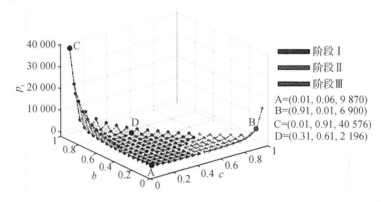

图6-6 $n_2=2$ 时的股权变动与新型研发机构价值变化趋势图

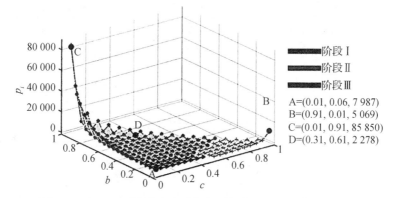

图 6-7 $n_2=3$ 时的股权变动与新型研发机构价值变化趋势图

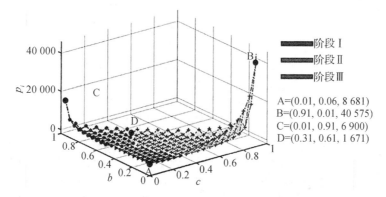

图 6-8 $n_3=2$ 时的股权变动与新型研发机构价值变化趋势图

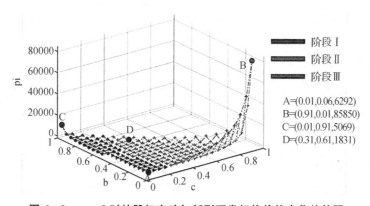

图 6-9 $n_3=3$ 时的股权变动与新型研发机构价值变化趋势图

表6-11 不同股权-控制权结构对新型研发机构及各类主体价值变化的影响

控制权结构	新型研发机构价值	政府部门个体价值	科研团队个体价值	社会资本个体价值
$n_1=1$ $n_2=1$ $n_3=1$	15 836(A) 12 400(B) 12 400(C) 1 603(D)	13 869(A) 1 013(B) 1 013(C) 150(D)	1 522(A) 747(B) 10 956(C) 967(D)	465(A) 10 639(B) 430(C) 486(D)
$n_1=1$ $n_2=2$ $n_3=1$	9 870(A) 6 900(B) 40 576(C) 2 196(D)	7 838(A) 569(B) 1 761(C) 163(D)	1 632(A) 750(B) 38 291(C) 1 497(D)	400(A) 5 582(B) 524(C) 536(D)
$n_1=1$ $n_2=3$ $n_3=1$	7 987(A) 5 069(B) 85 850(C) 3 048(D)	5 861(A) 421(B) 2 511(C) 178(D)	1 748(A) 752(B) 82 721(C) 2 275(D)	379(A) 3 897(B) 618(C) 595(D)
$n_1=1$ $n_2=1$ $n_3=2$	8 618(A) 40 576(B) 6 900(C) 1 671(D)	7 126(A) 1 761(B) 569(C) 143(D)	1 087(A) 841(B) 5 899(C) 920(D)	468(A) 37 974(B) 433(C) 607(D)
$n_1=1$ $n_2=1$ $n_3=3$	6 292(A) 85 850(B) 5 069(C) 1 831(D)	4 879(A) 2 511(B) 421(C) 144(D)	942(A) 935(B) 4 214(C) 925(D)	471(A) 85 404(B) 435(C) 761(D)

注：A点股权结构（$a=93\%$、$b=6\%$、$c=1\%$），B点股权结构（$a=8\%$、$b=1\%$、$c=91\%$），C点股权结构（$a=8\%$、$b=91\%$、$c=1\%$），D点股权结构（$a=8\%$、$b=61\%$、$c=31\%$）。

针对科研人才团队掌握控制权情形，对比图6-4、6-6、6-7和表6-11可知，随着科研人才团队控制权（n_2）逐渐增大，新型研发机构在阶段Ⅱ，即科研人才团队主导时的价值极大值也逐渐增大，从12 400（当$n_2=1$时）增大到40 576（当$n_2=2$时）、85 850（当$n_2=3$时），而阶段Ⅰ和阶段Ⅲ所能实现的新型研发机构价值极大值却逐渐减小，这一结果也反映出，其余主体受到科研人才团队控制权的挤占而出现个体价值损失。同样地，社会资本掌握B股时的情形也是如此（如图6-8、6-9所示）。

再进一步，分别取n_2、n_3为1~11间的整数，分析不同控制权设定下，新型研发机构在各阶段实现价值极大值时的股权结构及最终取值，得到如

图 6-10 和图 6-11 的变化趋势。

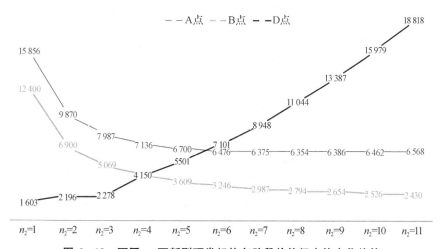

图 6-10　不同 n_2 下新型研发机构各阶段价值极大值变化趋势

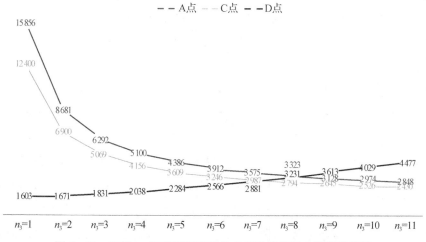

图 6-11　不同 n_3 下新型研发机构各阶段价值极大值变化趋势

注：A 点股权结构（$a=93\%$、$b=6\%$、$c=1\%$），B 点股权结构（$a=8\%$、$b=1\%$、$c=91\%$），C 点股权结构（$a=8\%$、$b=91\%$、$c=1\%$），D 点股权结构（$a=8\%$、$b=61\%$、$c=31\%$）。

对比图 6-10 和图 6-11 可知，随着某一主体控制权的逐渐增大，其余主体主导阶段下的新型研发机构价值极大值总体上呈现递减趋势，即在新型研发机构各个发展阶段，通过增大该阶段主导性主体的控制权，有助于提升这阶段的新型研发机构价值,但不利于新型研发机构中其余主体价值实现,也不利于新型研发机构阶段更迭。而 A 点、D 点在各主体控制权变动下的趋势具有差异性。对于 A 点,随着 n_2 的逐渐增大,A 点即新型研发机构在阶段 I 的价值极值点将呈现先减后增趋势,即当科研人才团队掌握绝对控制权时,通过调节股权结构(如提升政府部门的股权)至 A 点这一极值点,也有助于提升一定程度的新型研发机构价值。对于 D 点($a=8\%$、$b=61\%$、$c=31\%$),随着 n_2、n_3 的增大,D 点的值呈现递增趋势,但 n_2 增大对 D 点新型研发机构价值的提升作用更大,这一结果表明,D 点($a=8\%$、$b=61\%$、$c=31\%$)的股权结构适用于科研人才团队掌握控制权的情形。同时,以上结果也从侧面反映出,在不同阶段,新型研发机构股权和控制权的最优差异化配置的存在可能性。

③ 不同股权结构下,控制权结构变动对新型研发机构价值动态变化分析

通过固定新型研发机构内部的股权结构(a、b、c 的比例),分别针对科研人才团队占大股和社会资本占大股情形下的主体间控制权结构变动对新型研发机构价值影响作用进行分析,具体如图 6-12~6-15 所示。当科研人才团队占大股时,新型研发机构价值极大值总在 $n_2=10$、$n_3=1$ 时取得(如图 6-12~6-14);而当社会资本占大股时,新型研发机构价值极大值将在 $n_2=1$、$n_3=10$ 时实现(如图 6-15)。这一结果同上文一致,即随着某一主体控制权和股权的逐渐增大,新型研发机构将在这一主体的绝对主导下实现价值突增。同时,当科研人才团队与社会资本的股权结构由 61%、31% 调整至 50%、40% 时,图中各顶点达到的新型研发机构价值均出现了一定程度的下降,这反映出减小主体间股权结构差异性并不利于新型研发机构价值提升,即差异化的股权结构是实现新型研发机构价值加速提升的重要条件之一。此外,对比图 6-12 和图 6-13 可知,当政府部门股权减小,逐渐退出新型研发机构运营时,若科研人才团队与社会资本的股权结构变为 61%、38%,即政府部门退出的股权由社会资本所获得时,新型研发机构价值也将获得更大程度提升,反映出,在科研人才团队占大股的情形下,社会资本掌握股权比政府部门作用更大。

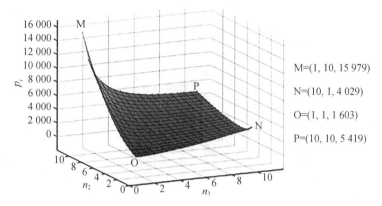

图 6-12　$b=61\%,c=31\%$ 时控制权与新型研发机构价值变化

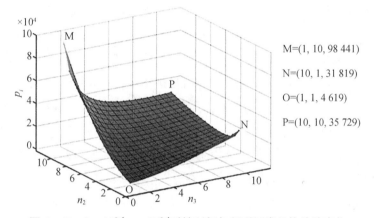

图 6-13　$b=61\%,c=38\%$ 时控制权与新型研发机构价值变化

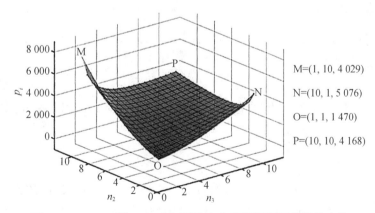

图 6-14　$b=50\%,c=40\%$ 时控制权与新型研发机构价值变化

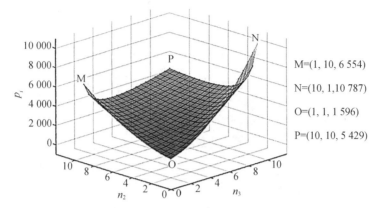

图 6-15　$b=41\%, c=58\%$ 时控制权与新型研发机构价值变化

综上，不同股权-控制权配置结构下的新型研发机构价值变化趋势，是各类参与主体依据股权-控制权进行个体价值分配的结果体现。在新型研发机构某一发展阶段，当某一主体的个体价值实现明显提升时，新型研发机构整体的价值水平也将受该主体影响，呈现出相似的增长趋势特征。同时，这也是不同股权-控制权配置结构下的各类主体间针对合作剩余价值的瓜分情况体现，当某一主体对新型研发机构价值增长的资源投入贡献率增大时，其获取的合作剩余价值将实现较快增长，个体价值也将加速提升；而当某一主体无法实现个体价值有效提升时，该主体将逐渐减少对自身的资源投入贡献率，相应地，剩余价值瓜分比例也将减小。同时，对于推动新型研发机构运营发展和实现多主体目标协同而言，"大股少权"和"小股多权"的股权-控制权非对称结构是最优配置。因此，新型研发机构需结合各阶段目标及主体目标需求，适时调整股权-控制权配置结构，以实现多主体目标协同与创新资源整合。

6.4　基于模型解析结果的新型研发机构长效发展机制研究

根据上述模型分析可知，新型研发机构中各类参与主体的决策行为受新型研发机构发展阶段及相应的股权结构制度等多方面的影响。为进一步实现新型研发机构多元建设主体行为协同创新新格局，并最大化优化资源要素投入效率及产出质量等,本节将根据上述理论模型分析结果及前文中关于新型研发机构内在机理等相关内容,围绕新型研发机构在不同发展阶段及制度变化下所呈现出的差异性特征,着重从社会资本参与、股权与控制权协同配置、新型研发机构的动态评估与有序退出等角度出发展开深入分析,以明晰新型研发机构在现有区域发展需求及相应政策支持下形成的有助于实现提质增效目标的长效发展机制。

6.4.1 社会资本-国有资本协同参与的新型研发机构提质增效市场化资本运作机制

当前,新型研发机构正处于由规模扩张向高质量发展的关键转型期,迫切需要紧密围绕技术研发、成果转化、企业孵化、人才集聚等功能定位,提升技术、人才、资金等要素资源的投入效率和技术成果产出与企业孵化等产出质量,以实现新型研发机构的提质增效与可持续发展。而现阶段以政府财政资金与政策法规扶持为主的新型研发机构建设发展方式面临着财政资金压力增大、市场资源匮乏等难题,难以形成稳定的研发资金流和成熟的市场化运营方式。基于此,新型研发机构需吸引行业中的相关龙头企业加入以获取更多的市场化资源,助推实现新型研发机构的市场化转化与自主造血。结合现阶段新型研发机构以科研人才团队持大股形式激励科研人才参与的股权结构设计,龙头企业因持股比例较低导致的收益有限和控制权(运营话语权)缺失而缺少参与积极性。因此,若要积极引进龙头企业,充分发挥其在市场化转化与运营管理等方面的优势,则需识别影响龙头企业参与新型研发机构运营的关键影响因素,进而从利益实现与股权结构调整角度调控其参与行为。

根据模型求解可知,影响龙头企业决策行为的关键因素主要有参与机构运营获得的股权分配收益,参与孵化企业运营获得的相关收益,以及在股权-控制权协同配置下因在机构技术研发、企业孵化等业务中掌握控制权而获得的额外收益等;且掌握控制权这一方式将激发龙头企业的参与积极性,从而有效提升机构及其孵化企业的运营收益,实现龙头企业自身价值增值。

因此,为实现新型研发机构提质增效与可持续发展,需拓宽资金来源与市场化资源,提升新型研发机构的市场化开拓能力。对此,一方面,可通过调整股权结构吸引龙头企业直接投入运营资本,与政府部门、科研人才团队等主体形成多元建设主体结构;另一方面,可通过政府牵头、投资机构与龙头企业跟投方式建设天使基金、创投基金等扶持新型研发机构及其孵化企业建设运营,进而形成市场化导向下社会资本与政府等国有资本共同参与的新型研发机构多元化融资体系。

6.4.2 基于股权-控制权协同配置的新型研发机构多方主体动力协同提升机制

新型研发机构通过鼓励多方共同参与持股这一方式形成多元化投资主体运营格局。平均来看,新型研发机构中人才团队持股比例56%以上,政府资本占股10%左右,社会资本所占比例不超过40%。然而科研人才持大股这一方式在保证核心技术人员拥有绝对话语权,提高其参与积极性的同时,使得社会资本持股比例有限,缺失绝对话语权,导致社会资本特别是龙头企业引进较为困难,也不愿投入更多资金。为此,需通过设计股权与控制权的协同配置方式,在保证科研人才收益与参与积极性的同时,进一步激发龙头企业的参与动力。根据模型求解可知,通过引入同股不同权的股权-控制权配置方式,协调科研人才团队与龙头企业在股权与控制权间的权衡关系,有助于提升机构内部主体间的参与积极性与创新动力。且股权-控制权的协同配置方式因各类新型研发机构(偏研发型和偏孵化型)在功能定位、成果产出形式等方面的不同而呈现出相应的差异化组合方式。

为促进新型研发机构政府部门、科研人才团队、龙头企业等多主体行为协同,可通过股权-控制权协同配置,调和多主体间的利益冲突关系,进而激发主体参与积极性与创新动力。为此,应结合科研人才团队作为研发主体与龙头企业作为孵化转化主体的角色差异,在多主体协商确定股权比例的同时,对控制权进行差异化配置。对于偏研发型新型研发机构而言,应当分别赋予科研人才团队与龙头企业以技术研发控制权和成果转化及市场运营控制权,从而在维持科研人才团队持大股的同时,激发龙头企业的参与动力。对于偏孵化型新型研发机构而言,可赋予龙头企业绝对控制权,形成龙头企业主导下的运营管理机制,有效弥补偏孵化型机构中科研人才团队的资金压力大、市场化资源匮乏、管理经验不足等劣势,实现新型研发机构多方主体共赢格局。

6.4.3 面向新型研发机构提质增效的动态评估与有序退出机制

针对现阶段数量众多的新型研发机构，如何形成国际一流新型研发机构、打造区域创新产业集群是区域各级政府的关注重点。因此，在注重机构发展质量提升的同时，应当根据机构发展实际合理剔除部分发展潜力及创新实力不足的机构，进一步提高国有资本资金的利用效率与产出成效。对此，政府应在注重机构发展质量提升的同时，依托第三方机构，评估其实际发展运营能力、创新潜力及运营质效，形成动态退出和淘汰机制，以提升新型研发机构企业孵化产出质量，并缓解机构运营资金压力。

此外，由于国有资本持股与新型研发机构后续上市及社会资本引进具有一定制度冲突，因此，以政府财政资金与天使基金等为主的国有资本在新型研发机构建设期结束后可逐步退出机构持股平台，为龙头企业、风投机构等社会资本的加入以及机构市场开拓与上市发展等提供契机。而国有资本的有序退出涉及股权转让问题，因此，新型研发机构需完善机构运营管理制度，明确具体的股权转让条款，避免出现股权冲突、控制权矛盾等问题，保障新型研发机构的顺利运营与发展。

6.5 本章小结

为生成新型研发机构提质增效的多维能力体系，需通过关键因素与主体间行为协同的协调配合，以实现主体间要素资源的整合配置与优化。为此，本章综合运用演化博弈理论、C-D生产函数及合作博弈模型，从同股不同权机制设计出发，将股权与控制权进行有效分离，找寻多元建设主体在股权与控制权方面的合理配置模式，解析主体间行为协同及其关键因素的作用关系，设计有助于实现新型研发机构提质增效的长效发展机制，为新型研发机构提质增效行动路径设计奠定基础。

根据模型求解及结果对比分析可知，多元建设主体间的行为决策因主体间的损益参数不同而产生差异，且各类主体的损益参数变化受新型研发机构所处发展阶段差异以及新型研发机构类型差异等影响。因此,若要实现新型研发机构中多元建设主体行为协同创新格局,助推新型研发机构实现提质增效与可持续发展,需要综合考虑主体自身利益、新型研发机构发展阶段及类型特征等。

  本章在模型求解分析的基础上,结合研究结果及前文中相关内容分析,进一步解析南京市新型研发机构的长效发展机制。具体内容如下:通过积极引进社会资本形成社会资本-国有资本协同参与的新型研发机构提质增效市场化资本运作机制,通过多主体间股权与控制权的协调配置形成基于股权-控制权协同配置的新型研发机构提质增效多主体动力协同提升机制,以及通过引入第三方评估机构及引导国有资本有序退出等形成面向新型研发机构提质增效的动态评估与有序退出机制。

  综上,本章针对南京市新型研发机构提质增效发展目标,运用演化博弈模型定量化解析新型研发机构多元建设主体间股权冲突问题,识别影响主体策略选择的关键因素;运用C-D生产函数及合作博弈模型探寻新型研发机构不同发展阶段下的最优股权结构特征,并结合博弈结果对比分析以及新型研发机构发展阶段及类型差异深入解析新型研发机构的长效发展机制。根据文中分析可知,不同类型新型研发机构所涉及的主体类型、要素资源及其在不同发展阶段都将表现出一定的差异。因此,需结合现实情况,有针对性的采取相关措施与机制,以实现新型研发机构协同创新发展格局。

第七章

促进新型研发机构提质增效的行动路径、政策建议及对策措施

根据上述各章内容分析可知,新型研发机构建设正处于从规模扩张向高质量阶段转变的关键时期,急需实现创新资源要素投入效率与成果转移和企业孵化等产出质量的有效提升。而新型研发机构作为一类由多要素资源集聚、多元建设主体协同、创新创业活动体系互动及多维集成能力生成的"科研-产业"市场化集成创新生态系统,为有效实现其提质增效,需综合考量新型研发机构的发展阶段及所属类型差异,从影响新型研发机构多主体间行为协同的关键因素入手,调节主体间的行为协同,整合要素资源,进而生成新型研发机构提质增效所需的多维能力体系。基于此,本章在前文分析内容和研究结论的基础上,进一步结合新型研发机构发展实际,以提质增效为主要发展目标,重点解析实现新型研发机构提质增效长效发展机制的行动路径,并据此提供切实可行的政策建议与对策措施,以期为推动新型研发机构提质增效与可持续发展提供有益借鉴。

7.1 目标导向下新型研发机构提质增效的行动路径研究

本节在总结前文研究内容的基础上,为进一步明确实现新型研发机构提质增效长效发展机制的具体行动路径,首先结合新型研发机构建设发展实际,以及新型研发机构因发展阶段及类型差异,解析新型研发机构的差异化目标导向。在明确具体目标导向的基础上,结合第五章及第六章分析内容,总结新型研发机构提质增效关键因素及其作用关系,进而结合新型研发机构提质增效的发展目标,解析长效发展机制的行动路径。

7.1.1 新型研发机构的不同目标导向解析

由前文分析可知,新型研发机构作为一类面向南京市主导产业与未来产业布局,具有开展技术研发、孵化科技企业、转化科技成果、集聚高端人才等多样化功能定位的新型科研组织形式,在建设与发展运营过程中,随着多元建设主体所属特征差异以及产业与市场需求差异,最终将形成在功能定位、主导业务、建设主体等方面各有特色的差异化新型研发机构。

结合第五章中新型研发机构发展实际及调研分析相关内容可知,现阶段新型研发机构可分为偏研发型与偏孵化型两种类型。顾名思义,针对偏研发型新型研发机构而言,其更侧重于技术研发、科技成果转化等方面的业务活动,注重将论文、专利等知识成果以科研合同或技术服务方案等形式进行转化。针对偏孵化型新型研发机构而言,其更注重科技企业的孵化招引,致力于将机构中有待应用的相关项目以企业的形式孵化出来并带动其发展壮大,致力于培育高新技术企业等在行业中成为技术领先和创新引领者的领军型企业与创新产业集群。

除新型研发机构类型差异导致目标导向不同以外,随着发展阶段的不断更迭,新型研发机构的主要发展目标也将有所不同。结合第六章相关分析可知,在新型研发机构建设初期,其发展目标是形成符合区域与产业发展需求的特定新型科研组织机构。因此,其主要发展目标为集聚相关科技专家人才等高端人才,通过相关研发资金与资源的投入,形成独具特色的产业定位与业务导向。随着新型研发机构的逐渐发展壮大,其业务流程已趋于成熟化,人才配备也较为完备。此时,新型研发机构的主要发展目标便是实现市场化导向与自主运营,在减小对财政资金扶持的依赖程度和吸引社会资本的参与投入的同时,成为真正意义上市场化导向下自主运营的独立法人单位。同时,新型研发机构的发展是南京市政府部门为推动区域经济发展与创新名城建设的主要抓手,因此,新型研发机构需要提质增效,在资源投入、科技成果、企业孵化产出等方面更注重质效,而非数量规模的直线增长。由此可知,随着新型研发机构自身发展阶段的不断演进,以及区域整体新型研发机构建设进程的不断深化,其发展目标将逐渐细致化与明确化,而其最终目标都将与区域发展相呼应,从而带动区域经济发展壮大。

综上,由于不同种类新型研发机构所关注的业务导向与发展目标差异以及所处发展阶段差异,各类新型研发机构在主体参与、资源要素投入、创新创业活动开展等方面也不尽相同。结合第五章新型研发机构中的股权激励博弈模型分析可知,新型研发机构类型不一,其中的参与主体策略类型也将有所不同,从而相应的技术、人才等研发资源要素投入与相应的各主体所获取的利益都将存在一定的差异。对此,为更好地实现新型研发机构的提质增效,需要明晰新型研发机构的具体目标导向,以终为始,通过要素资源的投入与配置、多元建设主体间的策略协同,从而实现新型研发机构质效有效提升以及可持续创新发展。

7.1.2 基于实证分析及建模分析的新型研发机构提质增效关键因素总结

根据第五章研究内容可知,由于新型研发机构在提质增效这一过程中涉及要素资源众多、主体间关系复杂等,为生成新型研发机构提质增效所需的多维能力体系,需通过政策引导、股权结构、收益分配等机构内外部的关键因素对多元建设主体行为协同产生影响,进而实现机构内外部技术、人才、资源等要素资源的整合优化,最终以实现新型研发机构提质增效发展目标。

结合第六章分析内容,新型研发机构提质增效的实现依赖于政府部门、科研人才团队、社会资本等主体在新型研发机构中的行为策略的协同配合,从而实现资源的有效利用和充分投入;且多元建设主体作为独立个体,将以追求自身利益最大化为目标,因此若要实现新型研发机构整体高效发展,不仅需要吸引资金、技术、人才等要素资源的投入,还需要通过调节主体间的利益分配以实现各主体的利益最大化,以利益驱动实现多元建设主体间的协同配合和协同创新绩效提升。这也验证了第五章内容的合理性及南京市新型研发机构提质增效的可行性。此外,根据第五章相关内容分析可知,新型研发机构创新发展与提质增效的关键影响因素会随着新型研发机构自身性质差异及所处阶段差异而发生变化。在新型研发机构建设初期,需要政府的政策引导,帮助其快速落地,形成技术、人才、资金等要素资源的充分投入。而随着新型研发机构的不断发展,为引进龙头企业、风投机构等社会资本主体,新型研发机构需要通过股权结构调整和收益分配方式等吸引社会资本的参与和运营。为此,政策引导、股权结构、收益分配等因素需要结合新型研发机构的发展阶段而有针对性地进行调节。

因此,为实现提质增效整体发展目标,新型研发机构需结合自身偏研发型或偏孵化型的类型差异,以及机构所处的由规模扩张向高质量发展转型的关键期的阶段特征,通过政策引导、股权结构、收益分配等关键要素的有效调控,协调政府部门、科研人才团队、龙头企业等建设及创新主体间的行为协同,进而实现技术、人才、资金等要素资源的有效整合及优化,最终形成具体的有助于实现新型研发机构提质增效长效发展机制的行动路径。具体行动路径解析见下节分析。

7.1.3 基于长效发展机制的新型研发机构提质增效行动路径研究

根据上节中新型研发机构提质增效关键影响因素可知，为实现新型研发机构的创新发展，需通过关键因素调节主体间的协同行为。为此，本节将结合新型研发机构类型差异与发展阶段差异，以及新型研发机构发展实际，解析南京市新型研发机构提质增效长效发展机制的行动路径。

结合研究分析可知，为实现上述新型研发机构提质增效的长效发展机制，需结合机构类型差异（偏研发型与偏孵化型机构的主导业务方向及要素资源需求等不同）及所处阶段特征（从规模扩张向高质量发展阶段转化的关键转型期），通过政策引导、股权结构、收益分配等关键因素的调控，以及各项因素间时序及力度的协调作用，调和政府部门、科研人才团队、龙头企业及风投机构等各主体市场化集成创新行为，从而形成具体的提升新型研发机构质效发展的行动路径。具体如下：① 政策引导、股权结构与收益分配协调下新型研发机构市场化资本运作行动路径。为鼓励社会资本积极参与，一方面，通过政府部门牵头成立天使基金等政策进行引导，吸引社会资本参与跟投；另一方面，通过股权结构以及收益分配调整，吸引龙头企业参与新型研发机构运营，从而形成政策引导、动力机制调节下的社会资本-国有资本协同参与新型研发机构市场化资本运作格局。② 股权结构及收益分配协调下新型研发机构主体动力协同提升行动路径。为促进新型研发机构主体动力协同提升，一方面，通过股权-控制权的调整与优化配置，激发科研人才团队、龙头企业等主体的参与积极性；另一方面，通过明确主体间收益分配方式，实现各主体利益增值，解决主体间的利益冲突矛盾，进而提升新型研发机构多方主体动力。③ 政策引导、股权结构调节下新型研发机构动态评估与有序退出机制行动路径。为实现新型研发机构及其孵化企业的有序退出，需政府部门依托第三方机构对新型研发机构运营能力、创新潜力、发展质效等方面进行评估，剔除缺乏发展潜力的机构及企业。此外，需明确新型研发机构的股权转让、股权结构调整等运营管理制度规范，指导国有资本的有序退出,进而为新型研发机构的市场开拓与上市发展奠定基础。

7.2 促进新型研发机构提质增效的政策建议研究

当前,新型研发机构正处于由规模数量扩张阶段向高质量发展阶段转变的关键时期。如何进一步提升现有新型研发机构建设成效和规模效应,提升新型研发机构整体及其所孵化企业的发展质量,实现新型研发机构的市场化自主运营与可持续发展,成为政府部门关注和亟待突破的重点。为此,政府部门应当积极通过顶层设计及规划政策引导新型研发机构建设发展,加大政策研究和支持力度,加强对新型研发机构发展的指导和服务,为其长远发展和效能发挥营造更优环境。基于此,本节将从政府角度出发,探寻可助力优化新型研发机构整体建设运营与创新发展的可行性对策建议。

7.2.1 加强顶层设计与政策支持,助推新型研发机构发展建设

政府部门作为新型研发机构建设落地的引导者和主导参与者之一,需从政策制度角度出发,通过规范新型研发机构落地备案手续、合理规划新型研发机构的空间布局与产业布局,提高对新型研发机构及其科创企业整体发展质量的重视力度,进而提升新型研发机构创新发展动力与活力。

首先,需进一步强化政府的引导作用。随着新型研发机构的不断落地发展,新型研发机构建设所存在的弊端及难点已逐步显现。政府部门需准确了解新型研发机构整体发展现状及其发展难点,在尊重科技发展规律和新型研发机构成长规律的基础上,进一步强化政府的政策激励作用,优化和提升政策导向的稳定性、政策设计的精准性、政策激励的有效性以及政策兑现的可靠性,营造有利于新型研发机构成长发展的良好政策环境。还需依据新型研发机构所属类型与所处阶段差异,有针对性地制定和实施相应的引导与扶持措施。

其次,可进一步发挥和优化市区政府部门间的联动优势。一方面,政府部门可通过市区联动和通力合作,实现优势技术、人才、资金等要素资源的集聚,从而形成从上而下针对性强、行动速度快、激励效果佳的联合推进措

施。另一方面,市政府也应当统筹空间布局,识别各区域在技术、人才、资金等要素资源方面的优劣势以及区域产业发展需求及特色,结合区域财政预算与产业发展实力,使新型研发机构的空间布局与区域经济承载力及主导产业适配;同时,也可从顶层规划新型研发机构的功能范围与边界,避免同质领域重复建设。

7.2.2 充分发挥金融资本的杠杆作用,提升机构的市场化集成创新能力

新型研发机构的建设运营离不开大量资金的投入与支持,为此,政府部门近年来通过积极设立天使基金、创投基金等形式,通过经济杠杆引导新型研发机构根植各区域内部,推动新型研发机构的健康发展。然而,由调研可知,现阶段基金仍以政府财政资金投入为主,尚未形成多元化融资渠道,面对新型研发机构规模的不断扩张略显乏力,为此,政府部门应当探索多样化融资方式,加强机构与融资平台的对接服务,从而拓宽新型研发机构的融资渠道,提升机构的市场化运营与创新能力。

为此,可发挥政府部门为债权、股权融资机构和新型研发机构牵线搭桥的作用,进一步提升融资扶持政策的宣传力度。通过建立新型研发机构融资担保平台、健全新型研发机构融资准入考核和信用风险评估机制等引导社会资本参与和扶持新型研发机构的建设运营。鼓励推动行业协会基金、同业公会基金、产业联盟基金的建立,吸引资本聚集起来共同投资,尤其是引导各类基金对新型研发机构孵化企业初创阶段融资问题的关注。鉴于各区国有投资平台现状对新型研发机构进一步发展上的制约,建议成立由各区政府出资、市级层面的统一专业化风险投资平台,由专业风险投资团队运营,优化新型研发机构上层决策流程、建立政府资金适时退出机制及规范等,为新型研发机构快速发展打通一条切实可行的绿色通道。还可通过组织针对新型研发机构及孵化企业与多融资平台的对接服务,建立多元化、多层次的新型研发机构与资本市场服务对接体系,帮助新型研发机构找寻适当的融资平台与融资渠道,也可进一步提升新型研发机构的融资及孵化能力,并缓解财政资金对新型研发机构的扶持压力。

7.2.3 完善人才招引与激励体系，激发新型研发机构创新活力

科研人才团队及高层次人才的加入对于新型研发机构的创新发展至关重要。为此，政府部门作为积极推进新型研发机构建设落地的主导力量，为进一步激发新型研发机构的创新活力与发展动力，需完善相关人才招引的政策措施，并落实科研人才团队在科技成果所有权与使用权等方面的归属问题，从而最大限度地鼓励和激励科研人才参与新型研发机构建设运营。

政府部门应当落实项目先导的人才激励政策。政府应引进具有产业前沿意识与技术、国际视野和能力的高层次人才和项目团队，并提供匹配产业发展紧迫需要的落地资金支持和扶持政策，除了补贴、奖金、医疗、子女教育等生活需求，还要帮助其获得事业追求的满足感，创造必要的个人价值实现条件，综合提升对高端人才和项目团队的吸引力。同时，政府部门可通过支持高校、科研院所、产业联盟和骨干企业合作建设面向重点行业应用的技术人才实训基地，组织开展创新创业技能竞赛等方式，针对新型研发机构所需人才进行专项定点培养，从而在提升新型研发机构内部人才储备实力的同时，也为区域经济发展与人才建设作出贡献。此外，地方政府也应根据新型研发机构的实际人才需求出台相关政策，不断完善配套公共服务体系，为新型研发机构留住人才资源创造良好条件，这样才能吸引人才、留住人才，从而为新型研发机构的长远可持续发展提供不竭动力。

另外，需进一步落实科研人才团队的科技成果所有权与长期使用权归属问题。目前关于新型研发机构中科研人才团队的成果所有权与使用权问题尚未形成正式的规章制度，导致科研人才团队存在科技成果所有权归属风险，这也抑制了部分科研专家的参与热情与积极性，因此需尽快针对这类事项形成完善的、有理可依、有据可循的规章制度，进一步保障科研人才的权益。

此外，也可通过制定支持新型研发机构高层次人才职称申报优惠政策等来鼓励相关科技人才参与新型研发机构建设发展。在新型研发机构科研人员的职称评审方面，可支持科研人员将相关在宁落地转化的发明专利折算为论文指标进行评审，也可将技术转让的在宁实际成交额折算为纵向课

题相关指标进行参评,从而提升新型研发机构相关科研人员的研发热情与参与积极性。

7.2.4 建立动态绩效评价体系和阶梯培育机制,激励新型研发机构高效发展

由前文分析可知,现有新型研发机构的绩效评价体系过于单一,且无法根据新型研发机构所处阶段及类型的差异而进行有侧重有针对的考核。因此,政府部门应当进一步完善新型研发机构的绩效评价体系,突出政府部门的考量重点及新型研发机构的优势特色,从而更好地激励和引导新型研发机构的创新发展。

对此,绩效评价体系应进一步突出新型研发机构的创新特征。与传统的科研机构突出学术论文不同,新型研发机构的共建绩效评价更加注重研发产出、成果转化情况以及人才培养等关键指标,因此,作为新型研发机构建设绩效的考核者,政府部门应当完善新型研发机构绩效考核体系,应更加注重研发机构对企业、产业发展的直接或间接贡献,突出创新质量和贡献,避免简单化地以普通招商项目的经济指标来评价。还可引入第三方专业机构进行具体评价,提供更客观精准的新型研发机构发展的评价结果。还需结合新型研发机构类型及所处阶段差异,制定动态化和差异化的绩效评价体系。一方面,可针对新型研发机构在不同发展阶段的差异性制定动态性绩效评价体系,突出政府部门对新型研发机构在初创期、成长期、成熟期等发展阶段的不同要求,实现政府部门对新型研发机构建设发展的动态性激励作用;另一方面,由于新型研发机构的类型及其所处行业类型不同,在技术研发、成果转化、企业孵化及人才集聚等方面的发展也将有所差异,对此,绩效评价体系也应当有所调整,提高考核的精准性与适应性。

根据新型研发机构运营时间、营收规模(含新型研发机构及其孵化企业)的差异化特征,新型研发机构可分为初创期、成长期和成熟期三个发展阶段。针对处于不同发展阶段的新型研发机构,政府部门应当有针对性地给予差异化政策支持,形成阶梯培育机制。

对于初创期的新型研发机构而言,政府应聚焦新型研发机构自我造血能力的培养,实现从政府"输血"到产业"造血"。对此,可根据新型研发机构

备案认定进行一定额度的补贴。同时,鼓励科技企业委托新型研发机构开展研发,给予技术吸纳方高于技术转移奖补政策标准的奖励。参与建立新型研发机构贷款风险补偿机制,鼓励银行金融机构支持新型研发机构一定额度内的专利质押贷款,给予银行金融机构差异化的风险补偿政策支持。鼓励社会投资机构投资新型研发机构,对给予新型研发机构"种子轮"或"天使轮"投资的投资机构给予一定比例风险补偿。

对于成长期的新型研发机构而言,政策应主要聚焦新型研发机构运营能力的提升,实现产业"造血"到对外"输血"。可根据新型研发机构培育的高新技术企业(含技术先进型服务企业)情况,给予新型研发机构一定奖励。设立孵化企业经济贡献奖,按照新型研发机构孵化企业年度纳税总额,给予新型研发机构一定奖励。建立新型研发机构风险补偿机制,鼓励银行金融机构支持处于成长阶段的新型研发机构申请更高数额的信用类贷款,给予银行金融机构差异化的风险补偿政策支持,并给予银行金融机构一定的余额新增奖励及存量维护奖励。鼓励社会投资机构投资新型研发机构,对给予新型研发机构风险投资的投资机构给予一定比例的风险补偿。

对于成熟期的新型研发机构而言,政策主要聚焦推动新型研发机构做大做强,打造国际一流的机构。根据新型研发机构培育的高新技术企业(含技术先进型服务企业)情况,给予新型研发机构一定奖励。设立孵化企业经济贡献奖,按照新型研发机构孵化企业年度纳税总额,给予新型研发机构一定奖励。鼓励新型研发机构开展股权融资,允许股权结构在不影响人才持大股的情况下进行变更,探索政府股权退出机制。鼓励新型研发机构上市,给予上市奖励。

7.2.5 提升新型研发机构的产业贴合力,优化区域产业创新集群发展格局

与传统的研发机构注重短期项目、解决实际问题、契约委托激励的模式相比,新型研发机构更加注重创新生态系统的建设,期待通过组合协同效应的作用,引领一个地区集群产业发展升级、科技研发与成果转化的提升,促进创新创业与孵化育成。因此,与地方优势产业的紧密联结成为政府推动新型研发机构建设的重要因素。对此,需密切联系产业发展实际,通过新型

研发机构建立产业链中技术与产品的转化通道,提高产业的市场化契合度与综合竞争力。

结合现有新型研发机构的分布情况,目前新型研发机构较多集中在人工智能、生物医药等主导产业发展领域,且已形成一系列涉足产业链上中下游的企业群体。然而从总体来看,现有新型研发机构的产业分布差异较大,且新型研发机构发展质效仍有待提升。为此,政府部门需从源头入手,根据区域高质量发展的要求,聚焦区域产业发展重点,合理引进、培育、支持对地方产业有支撑引领作用的新型研发机构,同时提高区域高校优势学科、主导产业和未来产业与新型研发机构的融合发展,从而在定位清晰的技术上整合优势资源,统筹规划、提升质量。

针对现有新型研发机构建设发展情况,进一步聚焦细化新型研发机构的发展定位,明确其创新方向和围绕的主导产业方向,列出重点建设机构、体制机制改革机构、转型撤并机构等,完善机构整体的建设规划与分类管理指导制度,同时避免重复建设导致科研资源浪费,提升科研资源的创新绩效。政府部门应当从产业需求导向出发,为新型研发机构的项目研发成果顺利进入中试和产业化落地等提供支持,最终实现服务区域经济和产业创新集群打造的发展目标。

为此,需进一步优化新型研发机构的发展布局,新型研发机构引进要与地方产业需求紧密契合,围绕主导产业、特色产业聚合创新资源,形成以高校、新型研发机构、企业、服务平台为主要要素的产业创新链。其次,应当支持新型研发机构聚焦产业链上游的基础研究和应用研发,联合依托平台和产业链中上游企业开展原始创新,力争突破前沿技术、攻克卡脖子技术,对取得技术重大突破给予奖励。再次,应当支持新型研发机构建设公共服务平台、工程化研究(试验)平台和概念验证中心等,重点集聚产业链中下游企业,为产业链企业提供公共技术服务和科技企业的孵化培育;其中,对新型研发机构建设的省级以上公共服务平台,根据绩效评价结果,市级给予配套奖励。此外,支持新型研发机构主导成立以新型研发机构、企业为主体的产业联盟,聚焦"补链、增链、强链",在产业技术公关、产业孵化、搭建公共服务平台、联合纵包、应用场景提供等方面形成合力,引领产业发展。

7.3 促进新型研发机构提质增效的对策措施研究

除了政府部门的政策扶持以外,新型研发机构的技术创新与可持续发展还需结合自身发展目标定位,从体制机制建设强化、多元建设主体协同创新、多元化治理机制建立健全等角度出发,提升新型研发机构整体发展质效与创新实力,助推新型研发机构实现创新运营与可持续发展。

7.3.1 理清自身发展目标与功能定位,探索合适的发展模式

由于新型研发机构存在偏研发或偏孵化等不同类型,而不同类型主导下将具有差异化的功能定位与目标导向,这也将导致新型研发机构采取不同的技术创新或企业孵化模式实现自身的创新发展。为此,不同新型研发机构需要根据其所承载的不同主体功能,在科技研发与成果转化、创新创业与项目孵化育成、高端人才培养与团队引进等方面明确自身功能定位与重点领域科研布局。还需重点突出自身的技术研发或企业孵化等创新重点,并有针对性地集聚创新要素资源,开展前瞻技术、关键技术、共性技术研究与集成攻关,从而形成一批技术先进、具有核心知识产权和市场应用前景且可转化为现实生产力的技术成果。

同时,新型研发机构在发展过程中,可随着技术成果不断成熟、孵化企业规模不断扩大、成果转化质效不断提升,不断深化和改进自身的发展目标与功能定位,从而形成具有差异性和独特性的新型研发机构个体,凸显其在产业创新与区域发展中的重要性。也可根据机构所处的不同阶段采取合适的科技成果转化模式,并有选择性地将多种模式有效结合、灵活运用,最终实现科研、产业和资本的三方对接,构建"政产学研金服用"共同参与的新型研发机构创新生态系统,为区域科技成果转化与经济高质量发展提供有力支撑。

7.3.2 健全新型研发机构的股权结构及利益分配机制，激发多主体参与积极性

目前新型研发机构多为独立法人单位，通过多方主体共建，实行理事会管理下的机构负责人制，推动新型研发机构的市场化运营。然而，现阶段南京市新型研发机构在促进科技成果转化、带动区域产业转型升级以及自身可持续发展方面仍需进一步优化和完善，提升整体发展质效。因此，健全完善新型研发机构的治理架构与决策机制、利益分配与人才激励机制、市场化运营与盈利机制等治理机制是保证新型研发机构长久可持续发展的重要前提。

在新型研发机构的治理架构与决策机制方面，现有新型研发机构多从股权入手，根据持股比例享有相应的决策控制权，这一方式下科研人才团队作为持大股的主要参与者成为机构的运营主体和利益主体。结合第五章分析，为进一步实现新型研发机构的技术创新与可持续发展，新型研发机构的建设发展需要龙头企业等社会资本的加入帮助其提升运营实力与创新动力。对此，应当在激励科研人才积极参与的同时，探寻切实可行的特殊股权分离机制，实现股权与控制权的优化配置，鼓励龙头企业等社会资本积极参与，拓宽新型研发机构的资金与市场化信息需求等资源的来源渠道。

在利益分配与人才激励机制方面，主要包括多元建设主体在管理和科研经费、成果转化和产业化收益等方面的利益分配。根据第四章及第五章分析可知，作为一类非完全共同利益性组织，为实现主体个体自身利益与机构整体利益的双重提升，需通过合理的利益分配机制调节个体利益与集体利益间的权衡关系，从而引导多元建设主体积极参与协同创新，为实现机构技术创新与可持续发展而努力。

在市场化运营与盈利机制方面，一方面需积极探索建立以财政资金为牵引，以企业资助、服务收入、课题经费为主导，以投资收益为补充的盈利模式，实现从政府"输血"到产业"造血"；另一方面，还应当拓宽新型研发机构的技术转移方式，在成果转化、技术交易、技术服务、专利技术作价入股之外，支持科研人员独立创业，促进人员、技术、资金在新型研发机构与所孵化企业间的自由流动，提高多要素资源的充分利用。

7.3.3 明晰多元建设主体的差异化角色定位与功能，提升机构协同创新优势

在新型研发机构中，各类建设主体所拥有的资源与角色功能具有一定的差异。其中，政府部门作为新型研发机构的引导主体，为机构的长久发展提供政策支持，同时引导机构发展与区域产业发展需求相匹配等；科研人才团队作为新型研发机构的创新源头，向机构中输出创新知识、科研人才，是带动新型研发机构技术创新、成果转化、企业孵化的中坚力量，同时科研人才团队也通过新型研发机构的运营发展而获得自身收益及声誉等；龙头企业作为产业化技术资源的拥有者，能够为机构提供产业技术与市场动态信息资源，从而助推新型研发机构提升自主造血与市场化运营能力；金融机构作为创新辅助，在向机构引进投资资金与信息的同时，也可帮助机构缓解巨额的研发资金压力。对此，需要结合多元建设主体的差异化角色功能，通过调节主体间协同行为，提升新型研发机构的协同创新绩效。

同时，还应当调节新型研发机构与所孵化企业间的协同关系，形成机构与孵化企业间的强关联，从而在有效提升孵化企业技术创新能力的同时也有助于机构自身的高效发展。对于孵化企业而言，提升发展效益是孵化企业自身及机构的主要发展目标，因此，一方面机构应当为孵化企业提供相关市场化信息资源，帮助其拓宽市场销售渠道与客户资源；另一方面也可通过提升机构知识产权管理能力为孵化企业扫除发展的后顾之忧，且机构可通过加强对孵化企业的经营效益评估从而帮助其保持发展活力。同时，新型研发机构与孵化企业之间形成双向反馈制度，一方面，鼓励科研人员以新知识和新技术创立、持股孵化企业，促进机构与其孵化企业间创新创业资源的顺畅流动；另一方面，机构通过吸收转化内外部知识、技术、人才等创新要素，为技术成果孵化提供有利的基础条件，已孵化企业则通过与市场的互动对接，向机构反馈研发市场需求动态，将市场与研发紧密联系，从而提升机构整体协同创新优势。

7.3.4 完善成果转化促进体系，提高机构自主运营能力

新型研发机构在创建初期多依靠政府部门、科研人才团队等在资金、技

术、人才等方面的投入扶持,而随着机构的不断发展和对市场化资源需求的不断增加,仅靠政府部门或科研人才团队难以有效满足其需求,因此为实现新型研发机构的市场化运营与自主造血,需进一步完善其成果转化机制,提升成果转化效率,从而实现机构自身价值增值与可持续发展。

首先,可通过进一步强化职业经理人聘请制度,提升新型研发机构的企业化运营管理能力。一直以来,传统研发组织的运行机制难以适应产业发展需求,造成大量科研成果"不可用"或"用不了",直接原因在于传统研发组织的管理人员通常是技术出身,缺乏组织机构运行的管理经验和市场敏锐度,或者是只懂市场不懂技术的"门外汉",使科学研究与产品市场无法实现有效无缝对接。新型研发机构建设将产业链、创新链、资本链、服务链有机结合、互联互通,形成一体化的产业创新生态体系。因此,为有效推动新型研发机构运营发展,需要一个具有战略科学家视野与企业家精神的管理者来进行管理运营,这样才能够站在产业发展高度,准确把握产业发展方向及趋势,充分调动、配置各方面政策资源、创新资源、产业资源、服务资源,提升新型研发机构整体的资源配置与发展质效。

其次,拓宽市场化资源获取途径,提升机构自主造血能力。一方面,可推动新型研发机构积极通过项目申报、成果转让、基金投资等方式获取相关项目资金或市场收益,拓展自我造血方式方法;另一方面,可加强新型研发机构同市场中介机构的合作,通过提供产业发展咨询、融资咨询、引进企业搜寻、人才招聘等方面的服务增加自身的获益渠道。通过增加市场收益来源与成果转化方式,提高机构的自主造血与可持续发展能力。

此外,还可通过支持新型研发机构科研人员积极参与孵化企业建设,提升孵化企业科技人才储备与创新实力。可通过鼓励新型研发机构科研人员带着新知识和新技术持股孵化企业或新成立孵化企业,将技术成果落地,一方面有助于形成"产业需求导向型的人才双向引育"的发展态势,实现新型研发机构机构与其孵化企业间人才外推和保留的动态平衡;另一方面也可将技术成果产业化,培育和发展孵化企业。

7.3.5 构建新型研发机构创新战略联盟或创新联合体，集聚创新创业要素资源

新型研发机构作为一个具有技术研发、成果转化、企业孵化、集聚高端人才等多项功能定位的科研组织机构，需要集合多类型技术成果、多元化人才团队、多渠道研发资金等多要素资源，从而在实现自身有效发展的同时推动区域产业创新发展与经济提升。为此，需要打通新型研发机构内部以及与外部主体间的合作交流，促进技术与市场化信息资源的沟通交流，从而提升新型研发机构的市场化集成创新能力。

一方面，随着新型研发机构建设规模的不断扩张，可鼓励成立新型研发机构创新战略联盟。结合南京各高新区产业集聚发展需求，充分发挥新型研发机构依托平台资源，推动成立新型研发机构创新战略联盟，推进实现行业共性技术研发和行业标准制定等创新活动。另一方面，可依托各区域高校院所和大企业，大力推进"新型研发机构＋龙头企业"共同打造紧密型的创新联合体。在持续推动高校院所人才团队组建新型研发机构的同时，鼓励现有龙头企业利用自身平台资源，联合共建新型研发机构，实现以企育企、以企兴企、以企带企，培育平台型企业。

此外，可结合新型研发机构的发展需求，发挥创新要素集聚作用，通过与技术转移机构、创业孵化机构和其他技术创新平台建立合作机制，支撑跨园区合作、成果转移转化、人才交流等。可建立"政产学研用"不同主体间的互通信息机制，搭建相应的信息公示交流平台，积极展开相关正式或非正式的交流会谈，在促进信息交流、经验共享的同时，进一步加强政府、企业、新型研发机构、高校院所、行业协会等合作；也可以实现多元化创新资源的集聚与充分融合，从而提升新型研发机构的资源获取与利用效率。

附 录

附录 A：促进南京市新型研发机构提质增效关键问题研究调查问卷

尊敬的先生/女士：

您好！感谢您参与本问卷调查！

为了响应南京对新型研发机构高质量发展的迫切需求，如何促进南京市新型研发机构提质增效是关键，特此开展新型研发机构问卷调查，以期了解和把握新型研发机构发展现状。诚邀您结合实际情况提供相关信息及宝贵经验，所有信息仅用于研究分析，我们承诺严格保密，绝不外泄！

本问卷截止日期为 2021 年 5 月 28 日，感谢您的配合！

南京市科技局成果转化中心

2021 年 5 月 18 日

一、新型研发机构基本情况

1. 贵机构成立时间_____。
2. 贵机构目前主要依托创新平台情况：[可多填]
   A. 国家级创新平台_____个　　B. 省级创新平台_____个
   C. 市级创新平台_____个
3. 贵机构成立初期研发人员规模：
   ① 截至目前，贵机构的在职员工总数_____位，其中，研发人员总数_____位。
   ② 引进高端层次人才情况：[多选题]
   （注：国际高端人才是指新型研发机构引进的国外高层次人才，包括外籍诺奖获得者、院士、图灵奖获得者等；国内高端人才是指新型研发机构引进的拥有中国国籍的高层次人才，如中国籍诺奖获得者、院士、图灵奖获得者、长江学者等）
   A. 国际高端人才_____位　　B. 国内高端人才_____位
   C. 海外留学回国者_____位

二、面向主要功能的新型研发机构投入产出情况

1. 贵机构对以下业务活动方向的重视程度如何？[矩阵量表题]

（注：开展技术研发指关键共性技术、主导产业的核心技术研发；孵化科技企业指科技型企业的孵化培育；转化科技成果指完善成果转化体制机制，开展技术服务，推动科技成果向市场转化；集聚高端人才指吸引高端人才、培育创新创业人才。）

	不重要	比较不重要	一般	比较重要	非常重要
开展技术研发					
孵化科技企业					
转化科技成果					
集聚高端人才					

2. 贵机构自成立以来，累计参与建设公共技术服务平台＿＿＿＿个。

3. 贵机构自成立以来，是否获得PCT专利授权？（　　）[单选题]

    A. 否　　　B. 是，自成立以来累计获得PCT专利授权＿＿＿＿件

4. 贵机构自成立以来，是否获得发明专利授权？（　　）[单选题]

    A. 否　　　B. 是，自成立以来累计获得发明专利授权＿＿＿＿件

5. 贵机构自成立以来累计孵化＿＿＿＿家企业。其中，＿＿＿＿家独角兽企业、＿＿＿＿家瞪羚企业、＿＿＿＿家高新技术企业，＿＿＿＿家科技型中小企业。

6. 贵机构现有孵化的所有企业中，已顺利投入运行（有研发支出或有收入）的企业共＿＿＿＿家。

7. 贵机构选择以下哪些方式开展科技成果转移或转化？（　　）[多选题]

    A. 承接国家、省、市重大科技成果转化转移项目
    B. 机构自主实现成果转化
    C. 市场化转移：有偿许可或技术转让
    D. 市场化转移：技术开发
    E. 通过培育孵化企业转化
    F. 其他＿＿＿＿

8. 贵机构科技成果转移转化的管理制度和转化流程是否完善?（　　）
[单选题]
   A. 非常完善　　　　B. 较为完善　　　　C. 一般
   D. 较为不完善　　　E. 不完善

9. 截至目前,贵机构是否独自或联合地方政府、社会资本等多方投资主体共同成立产业基金？如果已成立,产业基金规模如何？（　　）[单选题]
   A. 否
   B. 是,已成立产业基金规模_____（万元）,已使用产业基金_____（万元）;投资项目_____项。

10. 贵机构自成立以来,累计参与或牵头制定各级标准_____个。其中,国际标准_____个,国家标准_____个,行业标准_____个,地方标准_____个,企业标准_____个。

11. 贵机构业务涉及主要产业领域为_____,是否从属于南京市现有的产业创新集群。（　　）[单选题]
    A. 否
    B. 是,从属的产业创新集群类别是_____（例如:软件和信息服务、新能源汽车、新医药与生命健康、集成电路、人工智能、智能电网、轨道交通、智能制造装备等）。

12. 贵机构针对科技人才与团队的主要激励方式有？（　　）[多选题]
    A. 调薪激励　　　　B. 奖金激励　　　　C. 股权激励
    D. 职位晋升激励　　E. 其他_____

13. 贵机构及孵化企业累计培育_____位创新型企业家,_____位高层次创新创业人才,_____位顶尖人才(团队)。（注:人才划分具体说明可参考《南京市关于优化升级"创业南京"英才计划实施细则》对人才的认定标准。）

三、资本与股权结构

1. 贵机构自成立以来所获得的财政补助形式主要有?(　　　)[多选题]

   A. 地方政府启动经费补助(含办公场地、装修补助等)

   B. 专用设备购置费用补助

   C. 建设期内地方政府按年度给予的运营经费补助

   D. 建设期内地方政府给予的科研项目经费补助

   E. 建设期内地方政府按年度绩效考核给予的奖补

   F. 其他_____

2. 贵机构自成立以来是否获得社会资本投资,如果有,其以何种形式投入?(　　　)[单选题]

   A. 没有

   B. 有,以现金方式进行投资但不占股

   C. 有,以现金方式进行投资且占股

   D. 有,其他形式_____

3. 贵机构自成立以来是否获得天使基金扶持?(　　　)

   A. 没有

   B. 有,天使基金数量共_____个,天使基金规模(总金额)_____(万元)

4. 贵机构目前的政府持股比例为_____％,研发人才(团队)持股比例为_____％,社会资本持股比例为_____％。

四、关于新型研发机构多元建设主体行为协同的关键因素分析

为识别新型研发机构中多元建设主体行为协同的关键因素,本问卷从政策引导、股权结构、收益分配三个方面构建了 LIKERT 7 级刻度量表,针对影响因素的重要程度进行测量(其中新型研发机构的多元建设主体包括政府、科研人才团队、龙头企业等)。

请根据您了解的实际情况进行选择,题目以 1~7 分的形式给出,具体表示含义如下:1 表示非常不同意;2 表示不同意;3 表示比较不同意;4 表示不确定;5 表示比较同意;6 表示同意;7 表示非常同意。请在每个分数上进行选择(打√)。

影响因素	影响变量	1	2	3	4	5	6	7
政策引导	南京市政府鼓励科研人才团队持大股非常重要							
	南京市政府鼓励社会资本参与新型研发机构建设非常重要							
	南京市政府出台绩效考核文件非常重要							
股权结构	合理的股权与收益分配非常重要							
	按注册资本占比分配股权非常重要							
	按各主体间自主协定分配控制权非常重要							
收益分配	按各主体的股权占比分配利益非常重要							
	按各主体参与贡献分配利益非常重要							
	按各主体间自主协定分配利益非常重要							

五、关于新型研发机构多元建设主体行为协同及提质增效的相关分析

为解析新型研发机构多元建设主体行为协同与提质增效的作用关系,本问卷从行为协同和提质增效两个角度出发,构建了 LIKERT 7 级刻度量表,按重要程度对各维度相关问题进行度量(其中新型研发机构的多元建设主体包括政府、科研人才团队、龙头企业等)。

请根据您了解的实际情况进行选择,题目以 1~7 分的形式给出,具体表示含义如下:1 表示非常不同意;2 表示不同意;3 表示比较不同意;4 表示不确定;5 表示比较同意;6 表示同意;7 表示非常同意。请在每个分数上进行选择(打√)。

因素	影响变量	1	2	3	4	5	6	7
行为协同	多元建设主体协同合作创新的契合程度很高							
	多元建设主体同时兼顾新型研发机构整体利益与个人利益							
	多元建设主体为技术创新与成果转化而共同努力							
	多元建设主体为企业孵化而共同努力							
	多元建设主体为集聚高端人才而共同努力							
	多元建设主体为完成政府绩效考核目标而共同努力							
提质增效	多元建设主体行为协同有助于资源利用率持续提升							
	多元建设主体行为协同有助于新型研发机构实现市场化运营和自主造血							
	多元建设主体行为协同有助于新型研发机构技术创新能力提升							
	多元建设主体行为协同有助于新型研发机构成果转化能力提升							
	多元建设主体行为协同有助于新型研发机构企业孵化能力提升							
	多元建设主体行为协同有助于新型研发机构集聚高端人才能力提升							

再次感谢您的参与,祝您生活愉快!

附录B：南京市新型研发机构评价指标原始数据

附录B-1　南京市新型研发机构投入效率指标原始数据(2018—2020)

一级指标	二级指标	三级指标	2018	2019	2020
投入效率	高端人才投入效率	单位人才专利申请数(件/人)	5.801 5	13.129 6	8.196 8
		单位人才孵化引进企业数(家/人)	4.041 2	8.033 8	11.534 7
		单位人才在孵在研项目数(个/人)	2.191 0	3.876 1	4.935 2
	资本投入效率	天使基金利用率(%)	11.45%	10.31%	12.11%
		单位项目资金投入在孵在研项目数(个/亿元)	152.98	551.70	713.64
		单位资本投入孵化引进企业数(家/亿元)	26.01	70.95	86.07
	技术投入效率	单位研发投入知识成果产出数(件/亿元)	206.066 2	359.187 8	148.222 3
		单位研发投入研发服务平台建设数(家/亿元)	16.096 8	15.027 2	14.776 2
		单位研发投入公共技术平台建设数(个/亿元)	11.440 7	7.629 2	6.278 8

附录 B-2 南京市新型研发机构产出质量指标(领域)原始数据

领域			节能环保新材料	集成电路	人工智能	软件和信息服务	新医药与生命健康	智能制造设备
产出质量	技术研发产出质量	累计授权PCT专利数量(件)	21	4	10	5	6	21
		累计授权发明专利数量(件)	100	59	73	51	101	81
		累计参与建设公共技术服务平台数量(个)	21	7	25	20	26	9
	科技企业孵化质量	累计培育科技型中小企业数量(家)	89	76	125	43	48	39
		累计培育高新技术企业数量(家)	21	19	31	12	5	16
	高端人才培育质量	累计培育顶尖人才(团队)数量(个)	11	5	6	12	7	10
		累计培育高层次创新创业人才数量(名)	37	15	36	19	18	18
		累计培育创新型企业家数量(名)	15	24	15	15	9	11
	科技成果转化质量	累计参与建设产业基金规模(亿元)	2	1	0	2	4.692 6	1
		累计参与或牵头制定各级标准数量(个)	65	72	49	15	32	51
		归属于产业创新集群机构数量(家)	11	11	21	20	18	16
机构统计数量			24	13	24	24	20	21

附录B-3 南京市新型研发机构产出质量指标(成立时间)原始数据

		机构成立时间	2017	2018	2019	2020
产出质量（均值）	技术研发产出质量	累计授权PCT专利数量(件)	0	23	10	19
		累计授权发明专利数量(件)	24	154	110	78
		累计参与建设公共技术服务平台数量(个)	6	48	28	22
	科技企业孵化质量	累计培育科技型中小企业数量(家)	41	242	46	30
		累计培育高新技术企业数量(家)	14	66	4	2
	高端人才培育质量	累计培育顶尖人才(团队)数量(个)	4	29	14	2
		累计培育高层次创新创业人才数量(名)	8	95	17	7
		累计培育创新型企业家数量(名)	8	59	14	4
	科技成果转化质量	累计参与建设产业基金规模(亿元)	2	5	1	0
		累计参与或牵头制定各级标准数量(个)	27	171	65	24
		归属于产业创新集群机构数量(家)	10	52	25	16
		机构统计数量	11	57	39	25

附录 C:熵值法赋值附表

附录 C-1 南京市新型研发机构投入效率指标权重

指标	标准化后的数据			信息熵	权重
	2018	2019	2020		
单位人才专利申请数	0.351 0	0.794 3	0.495 9	0.949 1	0.104 7
单位人才孵化引进企业数	0.276 3	0.549 3	0.788 6	0.927 4	0.149 3
单位人才在孵在研项目数	0.329 6	0.583 1	0.742 5	0.954 4	0.093 8
天使基金利用率	0.584 5	0.526 1	0.617 8	0.998 0	0.004 1
单位项目资金投入在孵在研项目数	0.167 2	0.603 0	0.780 0	0.867 5	0.272 7
单位资本投入孵化引进企业数	0.227 1	0.619 5	0.751 5	0.909 7	0.185 8
单位研发投入知识成果产出数	0.468 5	0.816 7	0.337 0	0.938 2	0.127 3
单位研发投入研发服务平台建设数	0.607 0	0.566 7	0.557 2	0.999 4	0.001 3
单位研发投入公共技术平台建设数	0.756 8	0.504 7	0.415 4	0.970 4	0.060 9

附录 C-2　南京市新型研发机构产出质量(领域)指标权重

指标	标准化后的数据						信息熵	权重
	节能环保新材料	集成电路	人工智能	软件和信息服务	新医药与生命健康	智能制造设备		
累计授权PCT专利数量	0.5944	0.2090	0.2830	0.1415	0.2038	0.6793	0.9080	0.1294
累计授权发明专利数量	0.4342	0.4729	0.3169	0.2214	0.5262	0.4019	0.9806	0.0273
累计参与建设公共技术服务平台数量	0.4032	0.2481	0.4800	0.3840	0.5991	0.1975	0.9648	0.0494
累计培育科技型中小企业数量	0.3965	0.6251	0.5569	0.1916	0.2566	0.1986	0.9413	0.0826
累计培育高新技术企业数量	0.3744	0.6253	0.5526	0.2139	0.1070	0.3260	0.9280	0.1013
累计培育顶尖人才(团队)数量	0.4539	0.3809	0.2476	0.4951	0.3466	0.4716	0.9865	0.0190
累计培育高层次创新创业人才数量	0.5407	0.4047	0.5261	0.2777	0.3157	0.3006	0.9801	0.0279
累计培育创新型企业家数量	0.2779	0.8210	0.2779	0.2779	0.2001	0.2329	0.9163	0.1177
累计参与建设产业基金规模	0.3087	0.1510	0.0123	0.3087	0.8691	0.1764	0.7925	0.2918
累计参与或牵头制定各级标准数量	0.3791	0.7753	0.2858	0.0875	0.2240	0.3400	0.9023	0.1374
归属于产业创新集群机构数量	0.2358	0.4354	0.4503	0.4288	0.4631	0.3921	0.9884	0.0163

附录C-3 南京市新型研发机构产出质量(成立时间)指标权重

指标	标准化后的数据				信息熵	权重
	2017	2018	2019	2020		
累计授权PCT专利数量	0.000 0	0.449 4	0.285 6	0.846 5	0.722 2	0.178 2
累计授权发明专利数量	0.400 0	0.495 3	0.517 1	0.572 0	0.994 2	0.003 7
累计参与建设公共技术服务平台数量	0.359 9	0.555 7	0.473 8	0.580 7	0.988 5	0.007 4
累计培育科技型中小企业数量	0.632 3	0.720 2	0.200 1	0.203 6	0.887 7	0.072 0
累计培育高新技术企业数量	0.737 6	0.671 0	0.059 4	0.046 4	0.681 6	0.204 3
累计培育顶尖人才(团队)数量	0.501 2	0.701 3	0.494 8	0.110 3	0.900 4	0.063 9
累计培育高层次创新创业人才数量	0.384 6	0.881 5	0.230 5	0.148 1	0.841 3	0.101 8
累计培育创新型企业家数量	0.549 0	0.781 4	0.271 0	0.120 8	0.865 9	0.086 0
累计参与建设产业基金规模	0.900 5	0.415 2	0.128 9	0.000 0	0.626 5	0.239 6
累计参与或牵头制定各级标准数量	0.567 2	0.693 3	0.385 2	0.221 9	0.943 9	0.036 0
归属于产业创新集群机构数量	0.577 4	0.579 4	0.407 1	0.406 5	0.989 0	0.007 1

参考文献

[1] 谭海斌.关于新型研发机构的研究和思考[J].安徽科技,2012(10):19-22.

[2] 夏太寿,张玉赋,高冉晖,等.我国新型研发机构协同创新模式与机制研究:以苏粤陕6家新型研发机构为例[J].科技进步与对策,2014,31(14):13-18.

[3] 程艳红.产学研共建苏州新型研发机构 加强协同创新的思考[J].知识经济,2014(11):173-174.

[4] 周文魁.产业技术研究院建设发展研究:以陕西能源化工研究院、陕西农产品加工技术研究院为例[J].安徽科技,2014(5):18-20.

[5] 赵远亮,敖敦.加快科技体制改革 发展新型研发机构[J].实践(思想理论版),2014(1):39-40.

[6] 苟尤钊,林菲.基于创新价值链视角的新型科研机构研究:以华大基因为例[J].科技进步与对策,2015,32(2):8-13.

[7] 南京市创新创业与成果转化工作办公室.南京市关于新型研发机构的备案管理办法(试行)[Z].南京:中共南京市委、南京市人民政府,2018.

[8] 左朝胜.应运而生 趁势而起:广东省科技厅厅长黄宁生畅谈新型研发机构[J].广东科技,2014,23(23):16-20.

[9] 李栋亮.广东新型研发机构发展模式与特征探解[J].广东科技,2014,23(23):77-80.

[10] 赵剑冬,戴青云.广东省新型研发机构数据分析及其体系构建[J].科技管理研究,2017,37(20):82-87.

[11] 刘贻新,欧春尧,张光宇,等.新型研发机构成长路径及其特征:科技创新视角[J].广东工业大学学报,2019,36(5):94-101.

[12] 李庆明,徐欣,巢俊.江苏省新型研发机构发展研究[J].科技与创新,

2018(17):15-17.

[13] 龚瑞.安徽省新型研发机构建设的特征与经验研究[N].合肥晚报,2020-04-29(A02).

[14] 赵蒙.对新型研发机构财务体系构建与管理问题的研究[J].中国集体经济,2022(25):128-131.

[15] 沈彬,谭桂斌,罗嘉文,等.新型研发机构促进理工类高校科技成果转化的路径分析[J].科技管理研究,2021,41(23):88-96.

[16] 王晓红,胡士磊,赵伟.校地共建型新型科研机构发展的逻辑与现实:以C9高校为例[J].科技管理研究,2021,41(1):100-103.

[17] 丁红燕,李冰玉,宋姣.新型研发机构创新发展机制研究[J].山东社会科学,2019(3):125-130.

[18] 贺璇.新型研发机构的发展困境与政策支持路径研究[J].科学管理研究,2019,37(6):41-47.

[19] 章熙春,江海,章文,等.国内外新型研发机构的比较与研究[J].科技管理研究,2017,37(19):103-109.

[20] 何慧芳,龙云凤.国内新型科研机构发展模式研究及建议[J].科技管理研究,2014,34(13):16-19.

[21] 曾国屏,林菲.创业型科研机构初探[J].科学学研究,2014,32(2):242-249.

[22] 王勇,王蒲生.新型科研机构模型兼与巴斯德象限比较[J].科学管理研究,2014,32(6):29-32.

[23] 李栋亮,陈宇山.广东新型科研创新机构发展的现状与对策[J].科技管理研究,2013,33(3):99-101.

[24] 谈力,陈宇山.广东新型研发机构的建设模式研究及建议[J].科技管理研究,2015,35(20):45-49.

[25] 何帅,陈良华.新型科研机构的市场化机制研究:基于理论框架的构建[J].科技管理研究,2018,38(21):107-112.

[26] 陈宝明,刘光武,丁明磊.我国新型研发组织发展现状与政策建议[J].中国科技论坛,2013(3):27-31.

[27] 张雨棋.我国新型研发机构的运行机制研究:基于"行动者网络"理论

[D].北京:北京化工大学,2018.

[28] 宋炳宜.基于ANP的新型研发机构成长性评价研究[D].兰州:兰州理工大学,2020.

[29] 张玉磊,张光宇,马文聪,等.什么样的新型研发机构更具有高创新绩效:基于TOE框架的组态分析[J].科学学研究,2022,40(4):758-768.

[30] 汪曙光,汪贝贝.新时代背景下中国新型研发机构发展的思考与建议[J].科技与创新,2020(1):9-13.

[31] 孙雁,刘霞,霍竹,等.新型研发机构建设的经验与启示:以北京为例[J].科技管理研究,2022,42(16):78-84.

[32] 张雅群,方本新.科技研发机构技术商业化创新路径研究:台湾工业技术研究院技术商业化的创新实践及其启示[J].科技管理研究,2014,34(20):1-4.

[33] 徐艳,王丽萍.长三角新型研发机构发展现状及建议[J].华东科技,2022(8):41-45.

[34] 罗扬,于亮亮,徐欣.新型研发机构的发展机制:以南京为例[J].科技管理研究,2022,42(4):66-72.

[35] 陈红梅.新型研发机构运行机制研究[D].广州:中共广东省委党校,2016.

[36] 周丽.高校新型研发机构"四不像"运行机制研究[J].技术经济与管理研究,2016(7):39-43.

[37] 丁红燕,李冰玉,宋姣.新型研发机构创新发展机制研究[J].山东社会科学,2019(3):125-130.

[38] 马文聪,范明明,张光宇,等.双元创新理论视角下新型研发机构运行机制的多案例研究[J].中国科技论坛,2021(4):64-74.

[39] 毛义华,曹家栋,方燕翎.基于ISM的新型研发机构影响因素分析[J].科研管理,2022,43(8):55-62.

[40] 陆竹.基于CAS理论的新型科研机构成长运行机理与实证研究[J].科学管理研究,2019,37(5):51-55.

[41] 时歌,黄涛.基于PSR模型的湖北省新型研发机构发展机制研究[J].

科学管理研究,2020,38(5):58-64.

[42] 惠青山,苟思颖,杨惠丽.高校与地方政府共建的新型研发机构多要素多组态发展模式研究[J].科技管理研究,2021,41(1):94-99.

[43] 张珊珊.广东省新型研发机构建设模式及其机制研究[D].广州:华南理工大学,2016.

[44] 袁传思,马卫华.高校新型研发机构专利成果转化的激励机制:以广州部分重点高校为例[J].科技管理研究,2020,40(15):126-132.

[45] 张玉磊,邓晓峰,刘艳,等.高校型新型研发机构的运行机制研究:基于开放式创新的视角[J].科技管理研究,2019,39(12):11-19.

[46] 沈彬,张建岗.新型研发机构发展机理及培育机制研究[J].科技管理研究,2020,40(15):133-139.

[47] Berle A A, Means G C. The Modern Corporation and Private Property[J]. New York: Harcourt, Brace, & World, 1991.

[48] Coles J L, Lemmon M L, Meschke J F. Structural Models and Endogeneity in Corporate Finance: The Link between Managerial Ownership and Corporate Performance[J]. Journal of Financial Economics,, 2012, 103(1):149-168.

[49] Jensen M C, Meckling W H. Theory of the Firm: Managerial Behavior, Agency Costs and Ownership Structure[J]. Journal of Financial Economics, 1976, 3(4):305-360.

[50] Faccio M, Lang L H P, Young L. Dividends and Expropriation[J]. American Economic Review, 2001, 91(1):54-78

[51] Laeven L, Levine R. Complex Ownership Structures and Corporate Valuations[J]. The Review of Financial Studies, 2008, 21(2):579-604.

[52] 毛世平.金字塔控制结构与股权制衡效应:基于中国上市公司的实证研究[J].管理世界,2009(1):140-152.

[53] Coles J L, Daniel N D, Naveen L. Boards: Does One Size Fit All[J]. Journal of Financial Economics, 2008, 87(2):329-356.

[54] DiMaggio P J, Powell W W. The Iron Cage Revisited: Institutional Iso-

morphism and Collective Rationality in Organizational Fields[J]. American Sociological Review,1983,48(2):147-160.

[55] Lehn K M,Patro S,Zhao M X. Determinants of the Size and Composition of US Corporate Boards:1935—2000[J]. Financial Management, 2009,38(4):747-780.

[56] Hermalin B E,Weisbach M S. Boards of Directors as an Endogenously Determined Institution:A Survey of the Economic Literature[J]. Federal Reserve Bank of New York Economic Policy Review,2003(9):7-26.

[57] 郑志刚,邹宇,崔丽. 合伙人制度与创业团队控制权安排模式选择:基于阿里巴巴的案例研究[J]. 中国工业经济,2016(10):126-143.

[58] 李海英,李双海,毕晓方. 双重股权结构下的中小投资者利益保护:基于Facebook 收购 WhatsApp 的案例研究[J]. 中国工业经济,2017(1):174-192.

[59] Easterbrook F H,Fischel D R. The Economic Structure of Corporate Law[M]. Cambridge,Mass:Harvard University Press,1991.

[60] Hart O,Moore J. Property Rights and the Nature of the Firm[J]. Journal of Political Economy,1990,98(6):1119-1158.

[61] Hart O. Financial Contracting[J]. Journal of Economic Literature, 2001,39(4):1079-1100.

[62] 刘笑可. 基于 G1 法与熵权法的新型研发机构备案指标筛选研究[D]. 石家庄:河北科技大学,2019.

[63] 曾国屏,林菲. 走向创业型科研机构:深圳新型科研机构初探[J]. 中国软科学,2013(11):49-57.

[64] 周文魁,韩博. 江苏省新型研发机构建设研究:以江苏数字信息研究院为例[J]. 江苏科技信息,2014(4):1-3.

[65] 王萌,刘小玲. 新型研发机构发展现状及上海的相关政策建议[J]. 科学发展,2021(3):26-31.

[66] 丁珈,李进仪. 院校与政府共建型新型研发机构建设发展模式探索:以华中科技大学无锡研究院为例[J]. 科技管理研究,2018,38(24):

115-119.

[67] 刘贻新,张光宇,杨诗炜.基于理事会制度的新型研发机构治理结构研究[J].广东科技,2016,25(8):21-24.

[68] 任志宽.新型研发机构创投基金的发展模式与运营机制研究[J].科技管理研究,2019,39(13):115-122.

[69] 任志宽.新型研发机构产学研合作模式及机制研究[J].中国科技论坛,2019(10):16-23.

[70] 陈红喜,姜春,袁瑜,等.基于新巴斯德象限的新型研发机构科技成果转移转化模式研究:以江苏省产业技术研究院为例[J].科技进步与对策,2018,35(11):36-45.

[71] 周华东.产业技术研究院的新发展和运行机制变迁[J].中国科技论坛,2015(11):29-33.

[72] 章芬,原长弘,郭建路.新型研发机构中产学研深度融合:体制机制创新的密码[J].科研管理,2021,42(11):43-53.

[73] 姜春,丁子仪.新型研发组织运行治理的多层次利益分配与激励机制:以江苏省产业技术研究院及其40家专业研究所为例[J].中国科技论坛,2020(07):60-72.

[74] 叶继术.新型研发机构的建设模式与路径:如何做"老母鸡式"新型研发机构[J].中共南京市委党校学报,2019(5):16-21.

[75] 郭百涛,王帅斌,王冀宁,等.基于网络层次分析的新型研发机构共建绩效评价体系研究[J].科技管理研究,2020,40(10):72-79.

[76] 陈雪,叶超贤.院校与政府共建型新型研发机构发展现状与问题分析[J].科技管理研究,2018,38(7):120-125.

[77] 周君璧,汪明月,胡贝贝.平台生态系统下新型研发机构价值创造研究[J/OL].科学学研究.https://doi.org/10.16192/j.cnki.1003-2053.20220516.004.

[78] 李颖.基于创新价值链视角的新型研发机构形成机理研究[D].广州:广东工业大学,2019.

[79] 陶鸽.公益二类事业单位改革背景下青岛市促进新型研发机构发展对策研究[D].青岛:青岛大学,2020.

[80] 杨流海,徐欣,巢俊.南京市新型研发机构发展现状、问题及对策建议[J].中国科技纵横,2019(10):184-185.

[81] 陈少毅,吴红斌.创新驱动战略下新型研发机构发展的问题及对策[J].宏观经济管理,2018(6):43-49.

[82] 金学慧,杨海丽,叶浅草.我国新型研发机构现状、困境及对策建议[J].科技智囊,2020(3):20-23.

[83] 王宏,潘江丽,龚勤.杭州市新型研发机构发展现状及对策建议[J].科技通报,2019,35(3):234-237.

[84] 唐衍军,周祥,韩士专.江西省新型研发机构创新发展阻碍与对策研究[J].江西科学,2020,38(3):429-432.

[85] 周泽兴,刘贻新,张光宇.法人身份视角下的新型研发机构创新阻碍及对策研究[J].广东工业大学学报,2020,37(1):95-102.

[86] 李江华.校地共建新型研发机构的协同治理研究[D].武汉:华中科技大学,2019.

[87] 龚雷.合肥市新型研发机构建设与发展思考[J].安徽科技,2020(8):14-16.

[88] 蒋键,李欣,张嘉丽.东莞市新型研发机构的发展现状、机制创新及建议[J].经营与管理,2017(2):106-109.

[89] 贺璇.新型研发机构的发展困境与政策支持路径研究[J].科学管理研究,2019,37(6):41-47.

[90] 王彬,敖青,王欢,等.广东省北部生态发展区科技创新发展对策探析[J].广东科技,2020,29(11):63-67.

[91] 梁红军.我国新型研发机构建设面临难题及其解决对策[J].中州学刊,2020(8):18-24.

[92] 邓福明,余树华,欧阳欢,等.海南省新型研发机构建设现状和建议[J].江西科学,2020,38(5):788-792.

[93] 黄广鹏,刘贻新,梁霄.基于"一轴双核三螺旋"模型的新型研发机构运作机理及其治理策略[J].科技创新发展战略研究,2020,4(4):59-67.

[94] 刘威,龙云凤.粤东西北地区省级新型研发机构发展对策研究[J].广东科技,2020,29(11):37-39.

[95] 孙刚.长三角一体化背景下安徽新型研发机构发展策略研究[J].全球科技经济瞭望,2020,35(8):6-12.

[96] 刘贻新,冯秀山,罗嘉文,等.SNM视角下新型研发机构发展质量提升路径与策略[J].广东工业大学学报,2020,37(4):105-110.

[97] 毛义华,李书明.创新驱动战略下天津新型研发机构培育策略研究[J].科技与创新,2020(5):46-48.

[98] Hitt M A, Hoskisson R E, Kim H. International Diversification: Effects on Innovation and Firm Performance in Product-Diversified Firms[J]. The Academy of Management Journal,1997,40(4):767-798.

[99] Acs Z J, Audretsch D B. Patents as a Measure of Innovative Activity[J]. Kyklos,1989,42(2):171-180.

[100] Hitt M A, Hoskisson R E, Johnson R A, et al. The Market for Corporate Control and Firm Innovation[J]. Academy of Management Journal,1996,39(5):1084-1119.

[101] 林新奇,赵国龙.基于DEA方法的我国科创板企业创新绩效研究[J].科技管理研究,2021,41(1):54-61.

[102] 姜滨滨,匡海波.基于"效率-产出"的企业创新绩效评价:文献评述与概念框架[J].科研管理,2015,36(3):71-78.

[103] 李常官,聂丽霞.创新型孵化器运行绩效评价研究:以中关村创新型孵化器为例[J].中国流通经济,2014,28(6):69-75.

[104] 张建清,孙梦暄,范斐.基于DEA方法的湖北省科技企业孵化器运行效率评价[J].科技管理研究,2017,37(4):82-88.

[105] 蔡晓琳,黄灏然,郑建华.企业孵化器绩效评价与提升方法的研究与应用[J].科技管理研究,2019,39(12):53-57.

[106] 孙逊.江苏新型研发机构绩效评价体系研究及建设发展建议[J].科技与经济,2021,34(1):16-20.

[107] 孙善林,彭灿.产学研协同创新项目绩效评价指标体系研究[J].科技管理研究,2017,37(4):89-95.

[108] 夏云霞,徐涛,翟康,等.研究所科研团队绩效评价的探索与实践[J].

科研管理,2017,38(S1):510-514.

[109] 章熙春,柳一超.德国科技创新能力评价的做法与借鉴[J].科技管理研究,2017,37(2):77-83.

[110] 杨博文,涂平.北京新型研发机构评价指标体系研究[J].科研管理,2018,39(S1):81-86.

[111] 周恩德,刘国新.我国新型研发机构创新绩效影响因素实证研究:以广东省为例[J].科技进步与对策,2018,35(9):42-47.

[112] 刘彤,郭鲁刚,杨冠灿,等.面向新型科研机构的科研院所创新发展评价指标体系[J].科技进步与对策,2014,31(4):99-103.

[113] 蒋海玲,王磊,王冀宁,等.产业技术研究院绩效评价的国际比较研究[J].南京工业大学学报(社会科学版),2016,15(1):109-114.

[114] 王守文,徐顽强,颜鹏.产业技术研究院绩效评价模型研究[J].科技进步与对策,2014,31(17):120-125.

[115] 高航.工业技术研究院协同创新平台评价体系研究[J].科学学研究,2015,33(2):313-320.

[116] 韩兵,苏屹,李彤,等.基于两阶段 DEA 的高技术企业技术创新绩效研究[J].科研管理,2018,39(3):11-19.

[117] 杨诗炜,张光宇,邓彦,等.基于密切值法的我国区域工业企业创新绩效评价[J].会计之友,2018(8):60-66.

[118] 张秋华.基于网络 DEA 的高新技术企业创新绩效评价研究[D].广州:华南理工大学,2019.

[119] 杨进伟.规模以上工业企业技术创新绩效评价研究:以佛山为例[J].科技创业月刊,2019,32(12):4-7.

[120] 朱林,朱学义.科技创新绩效影响因素研究:来自全国工业企业2004—2018 年数据[J].会计之友,2021(3):103-109.

[121] 宋东林,孙继跃.产业技术创新战略联盟运行绩效评价体系研究[J].科技与经济,2012,25(1):27-31.

[122] 吕欧.产业技术创新战略联盟运行机制的绩效研究[J].中国高新技术企业,2013(23):8-9.

[123] 潘东华,孙晨.产业技术创新战略联盟创新绩效评价[J].科研管理,

2013,34(S1):296-301.

[124] 谭建伟,刘自玲,孙金花.产业技术创新战略联盟运行绩效评价指标体系构建:以主体效用为视角[J].财会月刊,2017(24):62-67.

[125] 邵伟.产业技术创新战略联盟运行绩效评价研究[D].南昌:江西师范大学,2017.

[126] 李海燕,吕焕方,曹蓓.产业技术创新联盟绩效评价指标体系的构建[J].科技管理研究,2013,33(22):56-58.

[127] 熊莉,沈文星.基于DEA方法的产业技术创新战略联盟绩效评价:以木竹产业技术创新战略联盟为例[J].财会月刊,2017(29):70-75.

[128] 牛玉颖,肖建华.智力资本视角下的科技企业孵化器绩效评价指标研究[J].科技进步与对策,2013,30(3):117-122.

[129] 任婷婷.安徽省科技企业孵化器绩效评价分析[D].合肥:安徽大学,2011.

[130] 王希良.科技企业孵化器绩效评价研究[D].天津:天津大学,2012.

[131] 田天,沈铭.科技企业孵化器发展绩效研究:基于多层次可拓模型的实证分析[J].企业经济,2020,39(12):47-53.

[132] 刘帅.科技企业孵化器绩效评价研究:以安徽小为例[D].合肥:安徽大学,2012.

[133] 李志伟.河北省科技企业孵化器绩效评价研究[D].石家庄:河北科技大学,2019.

[134] 张再生,李鑫涛.基于DEA模型的创新创业政策绩效评价研究:以天津市企业孵化器为分析对象[J].天津大学学报(社会科学版),2016,18(5):385-391.

[135] 周乐瑶,蒋德书,金攀静,等.四川省科技企业孵化器绩效评价研究[J].内江科技,2021,42(3):65-67.

[136] 李丽红,申佳蕊,李智军,等.基于关联型网络DEA模型的科技企业孵化器运行效率研究:以辽宁省64家孵化器为例[J].沈阳建筑大学学报(社会科学版),2020,22(4):357-364.

[137] 马岩,陆鑫.基于成长力的科研机构评价问题研究[J].科研管理,2015,36(S1):306-310.

[138] 方健雯,邱永和. 基于 PCA 和网络 DEA 模型的中国工业企业研发效率和经营效率评价[J]. 数理统计与管理,2014,33(5):869-877.

[139] [美]熊彼特. 经济发展理论:对于利润、资本、信贷、利息和经济周期的考察[M]. 何畏,等译. 北京:商务印书馆,1990.

[140] 海峰. 管理集成论[M]. 北京:经济管理出版社,2003.

[141] 吴元毛. 社会系统论[M]. 上海:上海人民出版社,1993.

[142] 肖昊,白丽. 论创新创业活动的实践特征[J]. 华南师范大学学报(社会科学版),2015(6):123-133.

[143] Wernerfelt B. A Resource-Based View of the Firm[J]. Strategic Management Journal,1984,5(2):171-180.

[144] Barney J. Firm Resources and Sustained Competitive Advantage[J]. Journal of Management,1991,17(1):99-120.

[145] Teece D J. Explicating Dynamic Capabilities:The Nature and Microfoundations of (Sustainable) Enterprise Performance[J]. Strategic Management Journal,2007,28(13):1319-1350.

[146] Teece D J. Dynamic Capabilities and Strategic Management[M]. New York:Oxford University Press,2009.

[147] Teece D J,Pisano G. The Dynamic Capabilities of Firms:An Introduction[J]. Industrial and Corporate Change,1994,3(3):537-556.

[148] 黄江圳,谭力文. 从能力到动态能力:企业战略观的转变[J]. 经济管理,2002,24(22):13-17.

[149] 陈志军,王晓静,徐鹏. 企业集团研发协同影响因素及其效果研究[J]. 科研管理,2014,35(3):108-115.

[150] Veugelers R. R&D Cooperation between Firms and Universities. Some Empirical Evidence from Belgian Manufacturing[J]. International Journal of Industrial Organization,2005,23(5/6):355-379.

[151] 蔡翔,赵娟. 大学—企业—政府协同创新效率及其影响因素研究[J]. 软科学,2019,33(2):56-60.

[152] Hemmert M. Bridging the Cultural Divide:Trust Formation in University-Industry Research Collaborations in the US,Japan,and South

Korea[J]. Technovation,2014,34(10):605-616.

[153] Ganesan S. Determinants of Long-term Orientation in Buyer-Seller Relationships[J]. Journal of Marketing,1994,58(2):1.

[154] Mancinelli S,Mazzanti M. Innovation,Networking and Complementarity:Evidence on SME Performances for a Local Economic System in North-Eastern Italy[J]. The Annals of Regional Science,2009,43(3):567-597.

[155] 曾小彬,包叶群.试论区域创新主体及其能力体系[J].国际经贸探索,2008,24(6):12-16.

[156] 马娟,陈岸涛.高校学生工作队伍协同创新能力的评价机制[J].高等农业教育,2014(2):51-54.

[157] Martínez-Román J A. Analysis of Innovation in SMEs Using an Innovative Capability-Based Non-Linear Model:A Study in the Province of Seville(Spain)[J]. Technovation,2011,31(9):459-475.

[158] 邓忠奇,高廷帆,朱峰.地区差距与供给侧结构性改革:"三期叠加"下的内生增长[J].经济研究,2020,55(10):22-37.

[159] 王选飞,吴应良.基于合作博弈的移动支付商业模式利益分配研究[J].研究与发展管理,2018,30(1):126-137.

[160] 程名望,贾晓佳,仇焕广.中国经济增长(1978—2015):灵感还是汗水?[J].经济研究,2019,54(7):30-46.

[161] Solow R M. Technical Change and the Aggregate Production Function[J]. The Review of Economics and Statistics,1957,39(3):312.